TSUKUBASHOBO-BOOKLET

暮らしのなかの食と農 ── 72

「食料・農業・農村基本法」見直しは「穴」だらけ!?

気鋭の経済学者と元農水官僚が徹底検証

金子勝・武本俊彦
Kaneko Masaru, Takemoto Toshihiko

筑波書房ブックレット

編集協力＝山田衛
表紙写真＝魚本勝之
表紙デザイン＝古村奈々＋Zapping Studio

目　次

はじめに

淑徳大学大学院客員教授・慶応大学名誉教授　金子勝

　実り豊かな田畑が広がる農村地域は、国の豊かさの象徴です。いまでも、農村地域内に入った経験がない多くの人々は、列車の車窓から見る田んぼの実りにほっとした感覚を抱きがちかもしれません。

　ところが、ひとたび農村地域を訪ねて地域内に入っていくと、あちこちで耕作放棄地や空き家を見かけるようになります。たとえば、私も、最近、東北や関東北部に位置する人口2〜3万人くらいの典型的な農村の町村に行きましたが、毎年500人から1000人ずつ人口が減っています。あと10年もすると、町村の機能の一部を維持できなくなるのではと危惧を抱きました。さらに中山間地になると、高齢者人口（65歳以上）が3割、4割を占め、独居の高齢女性があちこちで住んでいる集落が当たり前のように点在しています。

　統計（たとえば農林業センサス）を見ても、農業経営体の数は急速に減少しています。とりわけ耕作面積10ヘクタール未満の農家の数はどんどん減っていき、集落内の農地が集積しながらも、農業生産の担い手の大半が65歳以上の高齢者になっています。都会に住む人々はまだ実感をもって受け止めていませんが、農業と農村は崩壊寸前でとても深刻です。

　そうしたなかで、2024年の通常国会中の5月に「食料・農業・農村基本法」の見直し改正が行われました。一般の報道が少ないために多くの人々は法改正そのものを知りません。かろうじて法改正を知っている人でも、今回の改正によってこうした農業・農村の厳しい状況が改善されるのではないかと思い込んでいる人がいるかもしれません。

福島県会津喜多方地方の田園風景

多少、農政に対して批判的な意見を聞いた人でさえも、どうもこの基本法改正では、かつて行われてきた「食料自給率を高める」という主張が薄まっているのではないかと懸念する程度の認識しか持ち得ていないかもしれません。

　このブックレットは、こうした全ての人々に対して、もっと深く日本の農業・農村の現状を考えてほしいと願ってまとめたものです。現在の農業と農村の崩壊状況を何とか食い止めるために、そして日本全体が豊かな実りで満ちた真に豊かな社会になることを願って議論を惹起（じゃっき）させたい、少なくともそのきっかけにできないかとの考えから編んだ一冊です。また、問題をより深く多くの人に考えてもらうため、農業経済や農政にまつわる「常識」とはかなり食い違う論点を提起するよう意識しました。この一冊をもとに多少とも活発な議論が喚起されるよう期待しています。ご一読くださり、率直なご意見を下されば幸いです。

現実を直視し、農政の歩みを振り返る

　いまひとつ社会的な関心が高まらないまま、2024年通常国会で「食料・農業・農村基本法」の見直し審議が進められ、改正法が可決した。その内容が真に的を射たものだったか、何かが大きく欠けているのではないかという思いがどうしても拭いきれない。そこで日本における「農業基本法」の歩みを簡単に振り返りながら、何が欠けているのかを改めて考えてみたい（**図・表1**）。

　いまや寂しいかな手あかにまみれ、新鮮な響きを失ったかのような言葉のひとつに「生活者」がある。私が在籍する生活クラブ生協は、この言葉をかつて「つくる手　食べる手　その手はひとつ」と表現し、提携生産者との連帯強化を広く組合員に呼びかけた。連帯とは「対等互恵」の関係構築を指す。その意味で1961年に制定された農業基本法は都市で働く勤労者世帯と、その暮らしを根底から支える各地の農林水産業の担い手世帯との所得格差の是正を目指すものであり、生活クラブの志向する「対等互恵」の理念に近いものといえるかもしれない。

　基本法制定から38年を経た1999年の日本は高度経済成長期を経てバブル崩壊後のデフレ経済のとば口に立っており、都市部の消費者はもとより地方の一次産業従事者も飢えることなき暮らしを送れるようにはなっていた。しかし、残念ながら、農業基本法の意図とはまったく違って、それを支えたのは「兼業化」であった。

　戦後日本は大量に海外から輸入される石油に天然ガスなどの「エネルギー」と原料を加工した輸出立国路線をひた走り、高度経済成長が実現して世界第2位の経済大国となった。その一方で、加工食品の主原料や家畜の飼料として用いられる「輸入食料」に依存する道を選択

（図・表1）日本農業は 1980 年代前半から「絶対的縮小」過程へ

〈日本農業の衰退の指標〉

農業就業者の減少：4,630 千人（1991 年）　→　189 万人（2021 年）
（△59.2%）

労働力の高齢化：　59.1 歳（1995 年）　→　66.4 歳（2015 年）

農地面積の減少：　607 万㌶（1960 年）　→　435 万㌶（2021 年）
（△28.3%）

作付け延べ面積：　812.9 万㌶（1960 年）　→　397.7 万㌶（2021 年）
（△51.1%）

農業総産出額：　11 兆 6,295 億円（1985 年）　→　8 兆 8,384 億円（2021 年）
（△24.0%）

生産農業所得：4 兆 3,800 億円（1985 年）　→　3 兆 3,479 億円（2021 年）
（△23.6%）

出所：農林水産省統計をもとに武本が作成

した。そうして生み出された経済的豊かさは、戦前と比べものにならないほど地方から都市部への人口移動を強力に促す力となり、一次産業を生業とする「担い手」不足が常態化し、農山漁村共同体の衰退に拍車をかけた。

　こうした日本経済の成長により農業・農村の位置付けは極めて小さなものとなる一方で、食料自給率の大幅な低下が農業基本法の見直しの契機となり、1999年に「食料・農業・農村基本法」として生まれ変わった。農業従事者は「担い手」と呼ばれ、「集落営農組織」「農事組合法人」などの従来から存在していた事業体に加え、株式会社形態も担い手とされた。そして担い手のうち、農業基本法の「自立経営農家」とほぼ同概念の「効率的安定的農業経営」が農業構造の大部分を占めるようにすることが望ましいと位置付けられた。相変わらずの「大規模専業路線」の踏襲にほかならない。しかし、農業・農村を取り巻く厳しい状況のなかでは、全国いたるところで、兼業のみならず「半農

半X」などの多様な就農形態が誕生し、根底で農業・農村を支えてきた。

　1999年の基本法見直しの唯一の特徴は、同法に基づく具体的な施策を定めた「基本計画」を5年ごとに策定し、施策の進捗（しんちょく）点検の実施結果を踏まえて次期計画を策定するとされている点にある。改正基本法に基づく第1回目の基本計画は2025年3月までに行われる予定だ。

　この基本計画におけるキーワードは「認定農業法人支援の強化」と「農業のデジタル化とスマート化」、欧米の気候危機対策に倣った有機農業推進のための「みどりの食料システム戦略」（以下、みどり戦略）にあると報じられている。改正基本法は、すでに今年（2024年）5月に国会承認を経ているが、今回の基本法見直しの課題と「穴＝盲点」について、経済学者で淑徳大学大学院客員教授の金子勝さんと元農水省官僚で農政アナリストの武本俊彦さんに語り合ってもらった。

取材/2024/5/23

司会　生活クラブ連合会　　加藤好一

1　大急ぎで「かたち」だけを整えた「見直し」
5年に一度の進捗点検も履行せず
——会計検査院が「おかしい」——

——日本農業新聞や全国農協新聞に代表される専門紙や業界紙は別にして、マスメディアによる報道がほとんどない状態で国会審議が進み、日本の農政の「憲法」ともいわれる「食料・農業・農村基本法」の改正法案が2024年5月の通常国会で成立しました。今回の法改正には生産現場の農業者からは賛否両論の声があるようですが、専門家や研究者からは「食料自給率」に関する言及がほぼなされなかったばかりか、あまりに包括的で具体性に欠けた改正ではないかとの批判が根強いようです。

　金子さんは経済学の視点からエネルギーと食料の自給率向上を主張され、先端産業の進歩に合わせて、「再生可能エネルギー（再エネ）」を基軸に据えたエネルギー自給の必要性を説き、独自のIT技術を駆使したデジタル化の力で農業をチューンアップさせながら「食」の持続的生産を可能にした地域復興の必要性を主張されてきました。

　武本さんは農水省時代にはコメの関税化が焦点となった国際的な貿易交渉の「ウルグアイ・ラウンド」に臨み、牛海綿状脳症（BSE）問題の解決にご尽力されました。その後、衆議院調査局農林水産調査室首席調査員を5年、その後は内閣官房審議官（国家戦略）を経て農林水産政策研究所長を務められ、2013年に退官されてからは農政アナリストとしてご活躍されるなど、農政のスペシャリストとして新潟食料農業大学で学生の指導にも当たられました。お二人が今回の食料・農業・農村基本法の改正をどうご覧になったのかを伺いたいと思います。

金子勝

金子 そもそも今回の改正法には「漠」というか、おっとり刀でかたちだけを大慌てで整えたに過ぎない印象が拭えません。いまの農村は人口減少があまりに激しく、農業の担い手は高齢化が進み、急速に崩壊に向かっているのに、政府・農水省は本当に危機感があるのかと疑わざるを得ない。

　日本初の1961年農業基本法制定から63年が過ぎ、99年には「食料・農業・農村」の３視点に立った法改正がなされたにもかかわらず、日本は「食」の安定的かつ持続的な国内生産に向けた基盤がほとんど整っていないのが実状です。農業・農村はいったん崩壊すると、再建するのは極めて困難な状況に陥ります。要するに政府が国民の生命と財産を守るという国家としての責務を真剣に履行しようとしていないのです。それが新型コロナウイルスの感染拡大とロシアのウクライナ侵攻でますます明白になってきました。

　「エネルギー自給」も石油危機のあった1970年代から不可避の緊急

武本俊彦

課題であり、その解決を原発推進策に求めた政治が2011年の福島第一原発の過酷事故で破綻したのは紛れもない事実なのに、いまも原発にしがみつき、再エネ普及と蓄電池開発に心血を注ぐ覚悟が感じられない。農政の憲法と称される基本法は国会が内閣に示した農業・農村政策に関する根幹となる「理念法」であり、今後の方向性を決める法的基盤になるものであるわけですが、内閣＝政府にその覚悟がほとんど感じられないというか、リアルなつかみどころがない残念な結果になってしまいました。

武本　99年の基本法では具体的な施策に関する基本計画を定め、５年ごとに政策評価の結果を踏まえその見直しを行うという条項が入れられました。政策の進捗状況を評価していこうとの意図があったのは間違いないでしょう。計画策定から５年間の成果を評価し、当初の目標が達成できていないのであれば、次の基本計画において目標を達成で

きるように見直しをしなければいけないという趣旨が盛り込まれた改正だったということです。その責務を政府が負っているのは当然ですし、それを行わなければ法律違反になり、国民に対する政治的責任を負うことになるというのが私の認識です。2025年3月までに策定する基本計画は、本来なら6回目の見直し（評価）になるはずです。ところが、そうした作業は一切なされないまま基本法改正案が国会に提出されてしまいました。

金子 武本さんが言うように、政府・農水省の基本法見直し姿勢はあまりにおざなりです。これまでの基本法の実施状況に関する評価をきちんと行っていないことが最大の問題でしょう。何ら具体的な見直しがなされていない。それが、この見直しがパッチワーク的に見える最大の原因になっています。

武本 さすがに会計検査院も業を煮やしたのか、国会の報告書の中で「法律に基づく政策評価」を実施することを提言しました。「（5年ごとの評価を）やってないのはおかしい」と初めて文書で残したのです。

金子 基本計画では、自給率向上は最重要の目標になっていました。本来ならば5年ごとの見直しの時期に、なぜ自給率（**図・表2**）が上がらなかったのかという議論をして施策の在り方をブラッシュアップすべきであるのに、それが一切なされてこなかったことがその証左にほかなりません。

武本 ウルグアイ・ラウンド交渉後の日本はグローバリゼーションの

（図・表2）諸外国の食料自給率（カロリーベース）の推移（試算）

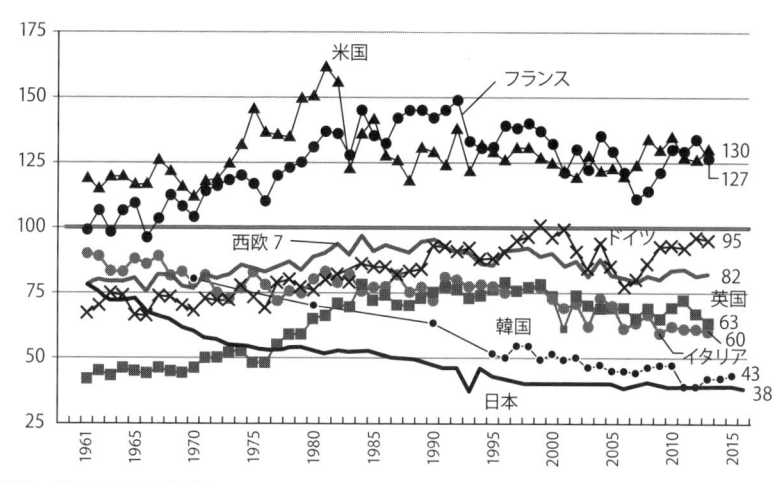

資料：農林水産省「食料需給表」
注：農林水産省「食料需給表」、FAO "Food Balance Sheet" 等を基に農林水産省で試算。韓国については韓国農村経済研究院「食品需給表」、スイスについてはスイス農業庁「農業年次報告書」による。供給熱量総合食料自給率は、総供給熱量に占める国産供給熱量の割合である。なお、畜産物については、飼料自給率を考慮している。また、アルコール類は含まない。ドイツについては、統合前の東西ドイツを合わせた形で遡及している。西欧 7 はフランス、ドイツ、イタリア、オランダ、スペイン、スウェーデン、英国の単純平均。

（図・表3）農業経営体数の推移（農林業センサス）

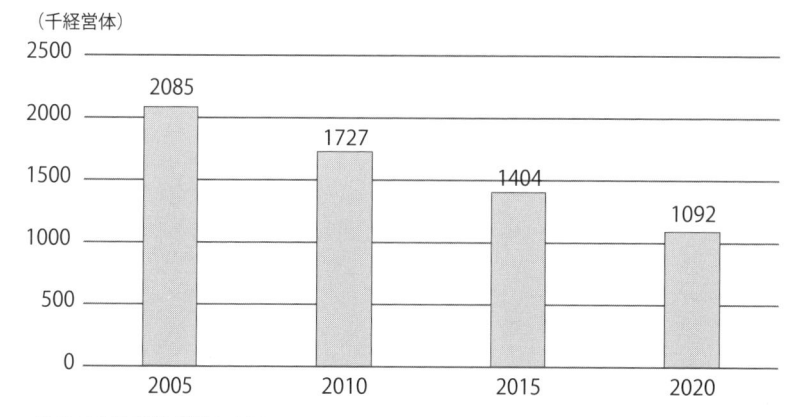

農林水産省「農林業センサス」

潮流に乗って自由貿易を進めることを国是とし、輸出振興のために輸入に関する規制緩和をしていく方向に舵（かじ）を切りました。しかし、国境での保護をやめるだけにとどまれば競争力のない農林水産業はもうからない産業となり、その「担い手」(**図・表3**) はどんどん減っていき、地域は衰退していくだけとなります。特に1997年の金融危機を契機にして、バブル崩壊、デフレ経済に陥った以降の日本では、欧米諸国とは異なり、不良債権処理に失敗したために、勤労者の賃金は上がらず、物価は下がるデフレの影響で農家などの所得が向上しない状況に陥っています。

　1995年まで存在していた食糧管理制度（食管制度）は、コメの値段を政府が統制していました。ゆえに米価を引き上げ、農家の所得を向上させるのは不可能とはいえなかったはずです。しかしながら、食管制度は1995年に廃止され、コメの価格は市場で決めることになりました。

金子　もはや食管制度を使えないとしたら、それ以外に農家所得を補填（ほてん）するにはどういう手段があり得たのでしょうか。農業保護の在り方についてヨーロッパは日本とは違う考え方をとっていたのですよね。

武本　おっしゃる通りです。ヨーロッパでは、関税の引き下げによって自由化を進めながら農業経営の安定のために関税の引き下げによる所得の下落を税金で補填する「直接支払い」制度を導入していました。ヨーロッパにおける「直接支払い」制度の考え方は、関税の引き下げによる市場価格の下落は消費者のメリットとなる一方、農業経営者は価格下落による所得の減少というデメリットをかぶるということを調

整する手法として、消費者＝納税者の利益の範囲で農業者の損失の一部を補償するという考え方に立っているのです。

金子　1999年の食料・農業・農村基本法はそういう意味で、欧州的な直接支払いの考え方を導入しなかったということですね。1990年代は「例外なき規制緩和」論が闊歩（かっぽ）し、「新自由主義」の影響力が強かった。そこに金融危機が来たわけですから、本格的な不良債権査定が求められ、そのうえで十分な公的資金注入が必要だったのに、結局はほとんどだれも経営責任をとらずに銀行合併を進め、ずるずると小出しに公的資金が入れられるなど、政策の考え方が混乱しました。基本法も金融危機の最中に生まれたわけですが、しっかりした政策論として構築されていなかったのでしょう。

武本　基本法改正の後、日本は2000年代に入ると、人口減少社会に突入し、物価は下落基調となり、経済の成長は停滞から衰退へと変化していきました。こうした社会経済の大きな構造変化に直面したことを踏まえれば、食料の安定供給を確保する観点から、農業経営の安定を図るために、市場から得た価格（＝所得）に別のもの（直接支払い）を交付するという方式を採用するしかあり得ないわけです。その議論に入ってゆけば食料自給への道は開けたはずです。

　しかしながら、農業の果たしている食料安定供給機能や農業・農村による自然環境保全といった多面的機能に対する理解が進んでおらず、先ほど金子さんからも指摘があった通り、「新自由主義」の影響が強く残っていた。そもそも農業は過保護だという偏見、直接支払いのような支払いは農業の効率性に貢献するものではなくモラルハザードを招くだけという謬見（びゅうけん）、また、日本経済は引き続き輸出

競争力があるので、必要があれば、いつでも輸入ができるとの楽観的考え方から、国民的コンセンサスを得られなかったのです。ところが、この20年間に状況はがらりと変わりました。

　食料の自給率の向上は、日本経済の安定にとっても重要な課題となっていますし、議論をする価値は大いにあります。それを国権の最高機関である国会の場で議論するべきなのです。にもかかわらず、そうした議論が一切なされないまま今回の基本法改正が行われました。それは、政府がこれまでの政策の在り方をきちんと検証して、政策の方向はどうあるべきかをまじめに検討していないことにほかなりません。

金子　さらに言えば、いまだに、これまでの拡張経済、成長経済の時代の社会のありようを前提にして基本法を策定しているというアナクロニズムに政官財が依拠しているのが大問題です。だから規制緩和さえすれば何とかなる、大規模化すれば何とかなると従来型の発想を改めることができなかったわけです。産業の衰退、国内総生産（GDP）の低迷、貿易赤字の恒常化、実質賃金の継続的低下、急速な人口減少など、どの指標をとっても、すでに日本経済は衰退の時代に入っているのですが、その認識がいまだにない。それがふたつ目の大問題です。

　時代は大きく転換しています。たしかに高度成長期には、日本の工業製品の輸出を伸ばし、エネルギーと原材料、そして食料を輸入していけば、「国富」を増やすことができ、自由貿易と市場主義の考え方が「国益」にかなうように見えました。ところが、日本の工業が衰退して貿易赤字が恒常化してくると、高度成長期の「加工貿易」のやり方を進めれば進めるほど、貿易赤字を拡大させます。それはやがて円売りをひどくするばかりです。円安は当面の輸出企業の利益を水増し

させますが、国内で動く中小企業や農業そして実質賃金が目減りする働く人々は苦しくなる一方です。日本の価値を"低く安く"して「国富」を減らし、「国益」を損なう状況を作りだしつつあります。エネルギーと食料の自給率を高めることが「国富」を富ませもするし、「国益」にかなうように変わってきたのです。

　それだけではありません。いまや農村地域は人口減少で「国土」が滅びかけています。ところが、「食料、農業、農村」といいながら農村という地域の復興最優先の視点が無いに等しい状態です。人口減少が毎年厳しさを増しているのですから、農業政策だけではカバーできないような「定住政策」が必要なはずですが、そんなことはあたかも眼中に入っていないかのような見直し、改正になってしまっています。

2 「疲弊する農山漁村」の実態を把握しているか？
農業のみならず、農山漁村地域が総崩れに

——地方活性化のための省庁横断的なというか、包括的な法整備と政策が求められているということですね。

金子 そうです。とりわけ重要なのは、あらゆる統計指標が農業を衰退させる方向を指し示しているという厳しい事実認識に立つことです。それは農村の衰退を意味していると捉えなければならない。

武本 たしかに1997年の金融危機以降、デフレの時代、衰退と縮小の時代に入りましたが、アベノミクスの失敗、とくに実質賃金低下と円安政策の継続と人口減少の加速が農業・農村に最後のトドメを刺しましたね。

金子 アベノミクスは「三本の矢」（大規模金融緩和、機動的財政出動、規制緩和＝成長戦略）を掲げていましたが、中心は大規模金融緩和でした。2013年4月に、黒田東彦日銀総裁が、異次元の金融緩和政策をとりました。日銀は「2年で2パーセントの消費者物価上昇率」を実現するという物価目標を掲げ、銀行から大量の国債を買ってマネーを流していく「金融緩和」政策を始めたのです。それによって、人々は物価が上がると予想して、物価が上がらないうちに消費しようと行動する。そうなれば経済が成長するという「インフレターゲット論」という考え方に基づいた政策です。ところが、賃金が増えない。ない袖は振れませんから、消費は伸びませんでした。2年たっても物価は上がらず、デフレから脱却できなかったわけです。そこで止めればよかっ

ほ場整備が進んだ水田は増えたが——

たのに、大企業や富裕層から利益がしたたり落ちるトリクルダウンが起きるといって、失敗した金融緩和政策を10年近くも続けてしまいました。

武本　その結果、先ほど言及したようにアベノミクスは悲惨な結末をもたらしました。実質賃金がずっと低下したので人々の節約志向が続き、コメだけでなく農産物価格はなかなか上がりませんでした。その一方で円安が進んでいたのに産業が衰退し、輸入物価が上昇して貿易収支は赤字基調になっていきます。原材料を輸入に依存する中小企業だけでなく、肥料、農薬、飼料、燃料などを輸入に依存する農業も苦しくなってしまいました。

金子　まだあります。アベノミクスの失敗は実に深刻というしかありません。それは本来、デフレ脱却で物価を上昇させる政策だったので

すが、2020年頃から新型コロナウイルスの流行とロシアのウクライナ侵略を機に、これまでのデフレから一転して円安インフレが起こるようになってきています。たとえば、1ドル＝110円だったのが1ドル＝150円になれば、1ドルのものを輸入するのに40円も高い150円を支払わないといけなくなるため、物価上昇が止まらなくなります。

　この円安インフレを止めるには、欧米諸国の中央銀行がしているように、日銀が政策金利を上げることが必要になります。ところが、アベノミクスの結果、1000兆円を超える財政赤字（普通国債残高）が累積してしまいました。だから金利を上げると政府の国債費が急増してしまいます。日銀が大量に国債を買ったために、金利が上がると、日銀が抱えている国債の値段が下がって「含み損」を抱えてしまうのです。日銀は、銀行から国債を買った代金が当座預金に振り込まれますが、金利を引き上げると、540兆円もの巨額の当座預金への金利支払いが生じるという問題もあります。アベノミクスをあまりに長く続けたために、抜けるに抜けられなくなってしまったのです。インフレになったのに、デフレ脱却を目指して物価を引き上げるアベノミクスを続けるという支離滅裂な状態にはまってしまっています。

　その後、事態は悪化し、円安が1ドル＝160円を突破するに至って、財務省は15兆円以上を使って円買いドル売りの為替介入を行い、ついに2024年7月31日、日銀は政策金利を0〜0.1％から0.25％に引き上げました。そして2025年度末までに日銀が買う国債を6兆円から3兆円に減らす、量的金融緩和の縮小を打ち出しました。アメリカの景気後退懸念もあって、8月5日には4451円という株価の暴落も発生しました。しかし、アベノミクスの弊害は基本的に変わっていません。

　最近、企業の賃上げ動向が盛んに報じられていますが、実質賃金は2年以上も上がっていません（**図・表4.5**）。それでは農産物の価格

（図・表4）常用労働者1人平均月間現金給与額 1947 年〜2021 年平均 （名目額）

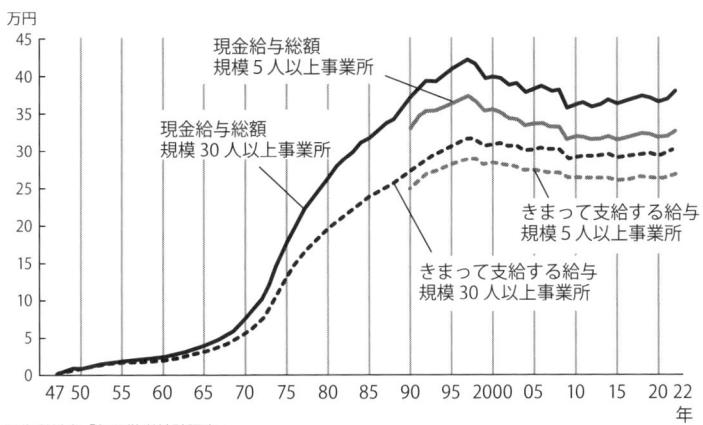

厚生労働省「毎月勤労統計調査」
注： 1） 規模 30 人以上事業所の 1969 年以前はサービス業を除く調査産業計。
　　 2） 2019 年 6 月分速報から、「500 人以上規模の事業所」について全数調査による値に変更している。
　　 3） 2004 年〜2011 年は時系列比較のための推計値。2012 年〜2017 年は東京都の「500 人以上規模の
　　　　 事業所」についても再集計した値（再集計値）

（図・表5）G7における実質賃金の推移

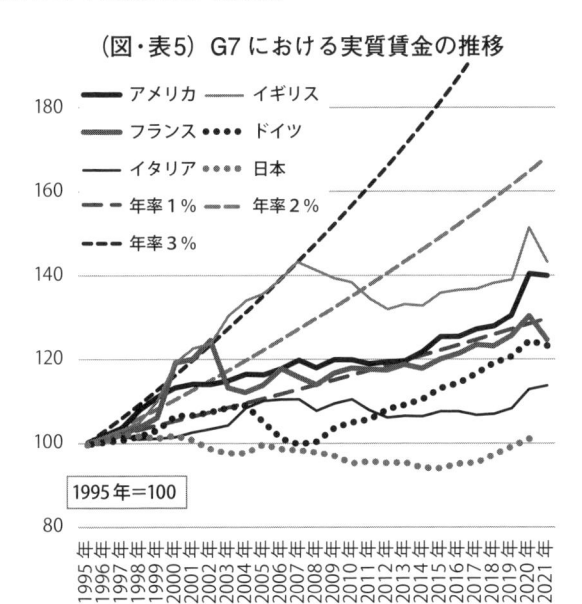

厚労省労働統計情報より

が上がるはずがない。人口減少社会でかつインフレの下では国内消費量が増えるはずがないという点に加え、インフレ下で農産物価格の下落が起これば農業所得は激しく減少し、肥料・農薬・飼料・燃料などの輸入物価の上昇によって経営は赤字に陥ってしまうことを政治家と官僚は直視する必要があるのです。経営が赤字になれば、農業はもうからない産業となり、地域でほかに稼ぐ手立てがなければ、地域に定住することもできなくなります。人口が減ってくれば消費も減ってきますし、担い手も減ってきます。つまり地域の縮小、そして消滅しかないわけですが、そうしたことはまったくあずかり知らぬではお話になりません。

武本 基本法見直しにおいて大きな矛盾は、大規模化で農業生産性を上げればそれでよしと考え、もはや農村コミュニティを維持することができなくなっている現実を見ていないことです。ITを利用したスマート農業や集落内の土地集積は、人手不足対策に過ぎません。そんなことでは人口減少対策にはなりません。問題は深刻です。

金子 地域を見ていくと、職業と雇用、病院、教育（学校）がなくなると、地域の崩壊が加速化していきます。中小企業の後継者不足、エネルギーや農業への支援の不足、そして地元に根付いた食品加工業などの雇用がなければ、若者は地域から出ていきます。病院がなくなると、持病を抱えた人などは難儀しますし、暮らしていきにくくなります。産科や小児科がなければ、子どもを出産できません。学校、特に高校がなくなると、中学校が終わると、地域から出ていくことになります。これらは省庁にまたがった政策が必要ですが、基本法はこうした議論を避けています。

武本　人口動態だけでなく、世帯類型の変化が農業、農村の在り方に大きな影響を与えますよね。

金子　その通りです。実質賃金が減っていくなか、夫婦共稼ぎでないと安心して子どもを産めない状況にあります。女性の「M字型雇用」の問題も変わりつつあります。「出産退社」し、子育てが終わると「非正規」で雇われるというM字型雇用は、その意味が大きく転換しています。夫婦が正社員でいるとしても、その賃金は低くなり、また継続的な下落傾向にあるという状況下では夫婦が共に働き続けないと、生活にゆとりもなく子どもを産み育てられない経済状態になっています。子どもを育てることができる広さの賃貸住宅では家賃が高く、教育費の負担が重くのしかかってきます。

　共稼ぎ世帯だけでなく高齢者などの単身世帯が増えると、食生活は当然変わってきます。家族団らんで何かを作って食べるという世界がなくなりつつあるのは明らかなわけです。大都市圏はもちろん、地方の中小都市でも同じ傾向になってきました。ただでさえ人口が減っていくなかで、生鮮食品の生産と消費が減ってくる流れが固定化され、加工と調理品が堅調に増えてくる（**図・表6**）。生活協同組合の中でもそういう傾向がどんどん増えてきているのではないですか。

――そうですね。本来はコメや乳製品、畜産物に果菜類など基礎的な生鮮食品に購買力を集めることで生産者との「つながり」を深めたいのですが、それが難しくなってきているのは残念ながら事実です。

武本　農家の女性たちが白菜を漬物などの加工品にして「おふくろの味」として直売所で販売する。そういう世界で勝負ができた時代はそ

（図・表6）世帯類型別に見た食料消費（内食・中食・外食）の動向

・1人当たりの食料支出が増加する要因は、内食から中食への食の外部化がいっそう進展し、食料支出の構成割合が、生鮮食品から、付加価値の高い加工食品にシフトすると見込まれること。
・生鮮食品の比率は、35％（1995年）→27％（2015年）→21％（2040年）と大幅に縮小。
・特に、今後シェアが高まる単身世帯で、外食、生鮮食品からの転換により、加工食品のウェイトが著しく増大。

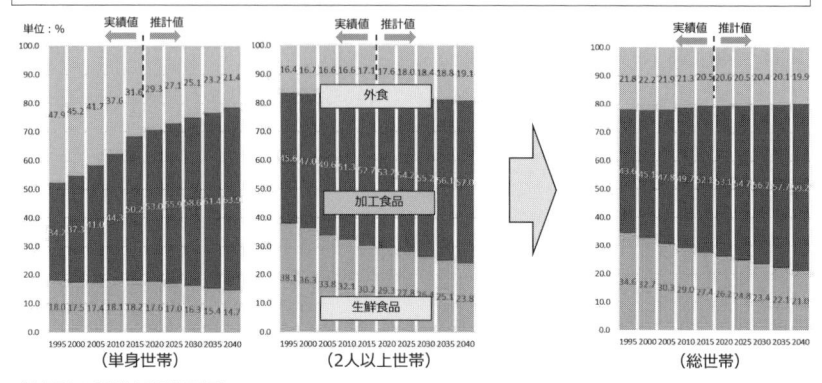

「令和元年8月農林水産政策研究所」

注：1．2015年までは、家計調査、全国消費実態調査等より計算した実績値で、2020年以降は推計値。
　　2．生鮮食品は、米、生鮮魚介、生鮮肉、牛乳、卵、生鮮野菜、生鮮果物の合計。加工食品は、生鮮食品と外食以外の品目。

れで良かった。しかし、社会が経済的な豊かさと利便性を手に入れれば、消費者のニーズが高度なものを求めるような、ある段階から「餅（もち）は餅屋に任せたほうが良い」となってきます。農家が素材から加工までを取り扱う形態から、農家は原料の農産物を生産し、加工は専門的な技術を持っている事業者と連携する方法です。その時に大企業に任せるのか地域に存在する伝統的な事業者と手を組むのかが問われてきます。

　加工部門は、原料農産物の量的な安定供給、品質の安定性、生鮮ものと比べれば、価格は安定しているものの安価なものを求められることが一般的です。加工業者との取引においては、個々の家族農業経営ではロットが満たせないため、それなりの数を集めてくれるところが良いとなるのは当然でしょう。

　その場合、家族農業経営が規模拡大する方向もあるかもしれませんが、一般的には、個々の家族経営が産地化を図ることになるでしょう。

品質、ロット、量的安定性を確保するために必要な技術的アドバイスや、加工業者との長期継続的取引に伴うさまざまな付帯的業務を担う事業主体が必要になってきます。そうした事業主体としては、農協なのか、場合によっては生活クラブをはじめとする生協陣営になるかもしれません。そうした主体がコーディネーターの役割を果たしていくのが今後の6次産業化のポイントでしょう。それなりの技術水準を持った加工商品を作っていくために必要な選択です。

金子　地域の人口構成や家庭の世帯構成も変化し、食生活も変化してくれば農業も農村も変わらなければいけません。6次産業化もそうですが、農業の在り方がいろんな意味で変化が求められているのではないでしょうか。何を栽培生産するか、規模を拡大するかという、個別の家族経営の枠を超えた農業の在り方を問わざるを得ないのではないかと切に思うのです。

　人口減少社会のなかで地域の住民が都市部への転出によって農業の担い手が大変な勢いで減っている。5年ごとのデータでも大きく減っています。かつ高齢化がひどく進み、担い手の平均年齢は65歳以上になっています。このまま耕作放棄地も増えていくなかで、農業や農村は瀕死（ひんし）の状態になっている。その肝心かなめの認識が基本法見直しに存在していないのが問題です。目をつむって、あえて見ないようにしているのです。

武本　そこは農業・農村のミクロの視点だけでなく、日本経済全体のマクロの視点からも問題ですよね。

金子　そうです。近未来の農業・農村の在り方への対応の遅れが、な

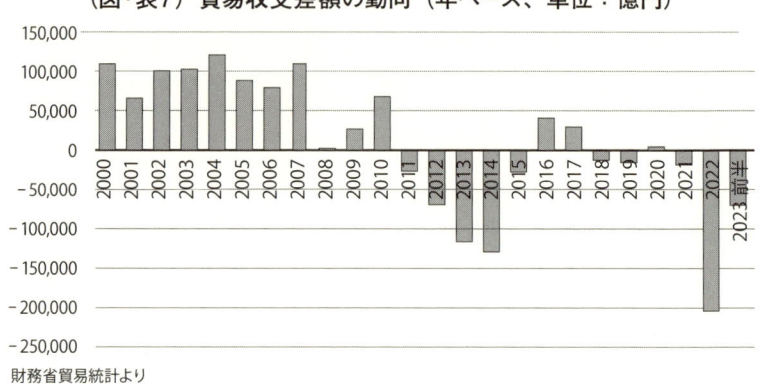

（図・表7）貿易収支差額の動向（年ベース、単位：億円）

財務省貿易統計より

ぜ日本経済に打撃を与える深刻な問題となるかといえば、今後も「食」の輸入依存が続けば、いまも増え続けている貿易赤字を一層拡大させる要因になるからです。もはや日本には世界を振り向かせるような先端産業はなく、ハイブリッド車だけに頼らざるを得ない「自動車一本足打法」になっていて、IT分野の「デジタル赤字」が5.5兆円（2023年）にも膨らんでいます。医薬品も大きな輸入超過に陥るようになりました。あらゆる先端産業がダメになってきているのです。そのくせエネルギーは石油、化石燃料の輸入依存構造と原発頼み。食品もほとんど輸入農産物が原材料になっているのが日本の現状ですよ。

　いまや日本は貿易赤字が当たり前になっています（**図・表7**）。だとすれば、先端産業で他の先進諸国に追いついて輸出を増やすか、エネルギーと食料の輸入を減らしていくしか道はありません。前者は科学技術の再生が必要で時間がかかります。日本経済を安定させるには、エネルギーと食料の自給率を高めないと経済危機に陥る危険性があります。

　さらに言えば、このまま農業が衰退していけば、消費者も飢餓のリ

スクの高まりのなかに身を置くことになる。そういう絶対的な危機的状況についての認識が基本法見直し改正の議論には欠落しています。

武本　いま金子さんがおっしゃった通りです。農水省の考え方は、農業の効率化のために農村地域の居住者は水路と道路の維持管理に参加することを当然の前提として、農村地域の振興を考えてきました。しかし、農村に居住する人々は農業だけを行っているわけではありませんし、農業以外の事業に従事している人も増えてきています。むしろ、今や農村地域は非農業者が多数派を占めています。そうした人々が同じ農村地域で生活し働き地域貢献をしていくことは、農業の振興にとっても大きなプラスとして働きます。

　ただし、農業は土地を使う産業ですから、地域の土地の利用については、農業部門と他の事業部門や生活空間との合理的な利用を図っていく必要があります。こうした観点は、地域の人々の暮らしを豊かにし、居住環境を改善していくという地域政策の視点です。実は、こうした視点がまったく抜け落ちた基本法見直しになってしまいました。工業立国として日本が世界を凌駕（りょうが）できた時代には「日本の非効率な農業はなくなっても、農業での稼ぎ程度は輸出産業で賄えるので、この際日本農業は撤退したほうがいい」といった財界の発言の下で、高度経済成長を続けてきたわけです。しかし、その「本体」のほうが稼げなくなってきて総崩れになってきています。

　やはり、人口も経済も一極集中ではなく分散型で、だれもが取り残されずに安心して生活ができるようなシステムに変えていかなきゃいけないんじゃないかということが目に見えてきたわけです。にもかかわらず、その意識が今回の基本法見直しの時には働いていません。

3　必要不可欠な省庁横断的な「定住推進政策」
みどりの食料システム戦略もスマート化も実現性が薄い

——なるほど。では具体的な政策の方向について、どのように対処していけばいいのですか。

金子　まずそういう危機的認識、このままのトレンドが続けば日本は国家として持たないというリアルな事実認識から始める必要があります。それが今回の基本法見直しに欠落していたから、いくつもの矛盾が出てきているのです。一つにはどんどん人口が減って、農村部から都市部への人口流出に伴って地域の担い手が激減しているから、計算上の1戸当たりの経営面積はどんどん集積していることになっている。だから1戸当たりの耕作面積は増え、生産性が上がっているように見えるわけです。

　あえて繰り返しますが、まず地域を見ていくと職業と雇用、病院、教育（学校）がなくなると、崩壊が加速化します。中小企業の後継者不足、エネルギーや農業への支援の不足、そして地元に根付いた食品加工業などの雇用がなくなれば、若者は地域から出ていきます。病院がなくなると治療や経過観察が欠かせない人は途方にくれるでしょうし、産科や小児科がなければ子どもの出産も子育ても困難になります。学校、特に高校がなくなると中学卒業後には地域から離れなければならなくなるわけです。これらは各省庁にまたがった政策ですが、まずは農村政策を担当する農水省が各省庁に働きかけていく必要があります。

武本　おっしゃる通り、機械化や大規模化では農村に人がいなくなっ

左から金子勝、武本俊彦、司会の加藤好一

て、人口が維持できないような事態に陥ってしまっているという矛盾
がありますよね。それを情報通信事業と融合した農業機械の積極導入
による「スマート農業化」のようなかたちで労働力が補填できるかの
ように政府は主張している（**図・表8**）ようですが、それは違うので
はないでしょうか。

金子　それは当面の人手不足対策に過ぎず、人口減少に対する根本的
な対策にはなっていません。つまり、人手が減ってきても当面やって
いけると取り繕うような提案としてのスマート農業化では、根本的な
解決策になっていません。スマート化自体にも問題があります。大手
農機具メーカーに付随するようなIT化は機械の購入とセットであり、
コストも含めて分散錯圃（ぶんさんさくほ）制に必ずしも対応できな
いのではないでしょうか。そうなると、地域における生産者間のかな
りの連携が不可欠になるはずです。

　地域の定住政策についても、農村地域に農業のみならず、いかなる事業が参入し、どのような人たちが入ってくるかを検討することが必要かつ重要になってくるでしょう。そのうえで、農業分野がどのような形態に発展していてくのかを示していく必要があるのです。ところが、「スマート農業化」や「みどり戦略」には、あまりにおろそかというか、実現性に対する本気度が感じられません。

武本　おっしゃる通りです。みどり戦略も人気取り的で有機農業が広がってきたので、取り入れていこうというくらいの感じで真剣に考えているとは思えません。

金子　「2050年までに日本の耕地面積の25パーセントを有機農法対象農地・園地に変え、化学合成農薬の使用量を50パーセントに減らす」という温暖化対抗政策を菅義偉政権は掲げましたが、労働力が激減する一方で、有機農業は慣行農業に比べ労働を多投する必要があり、それをイノベーションで解決するといってもそれは2040年ごろに実用化するだろうという話になっています。そんな簡単に解決できる課題じゃないでしょう。大規模化、機械化とかいっても有機農業は慣行農業ほどには簡単な話ではないですよ。繰り返しますが、何より有機無農薬・減農薬農法には多くの手間と労力が不可欠なのです。そこにしっかりした道筋があるのかといえば目をどんなに凝らしても見えてきません。

　スマート農業や有機農業の促進で未来に対応しているかのように見せていますが、先ほど述べたように、人口減少や世帯構成の変化が近未来の日本農業に何をもたらすのかを真面目に考えていません。生活協同組合が直面しているように共稼ぎや単独世帯が増えると食生活が

(図・表 8) 農業経営費と農業生産資材価格指数

○ 施設野菜作や酪農、肥育牛、繁殖牛経営（個別経営）における農業経営費は、資材価格
　の上昇等により、増加。
○ コストの増加を踏まえた価格形成が必要。

○施設野菜作経営（個別経営）における
　農業経営費の推移

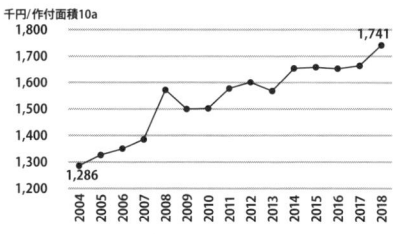

資料：農林水産省「営農類型別経営統計」

○酪農、肥育牛、繁殖牛経営（個別経営）における
　農業経営費の推移

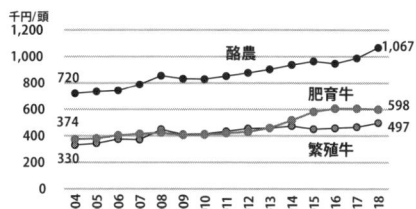

資料：農林水産省「営農類型別経営統計」

○農業生産資材価格指数（光熱動力、肥料）の推移

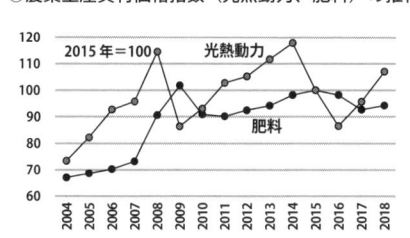

資料：農林水産省「農業物価統計調査」

○農業生産資材価格指数（飼料）の推移

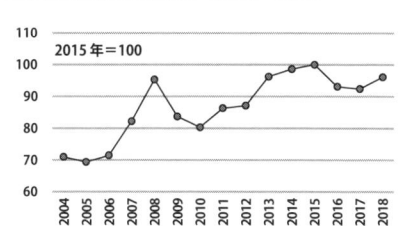

資料：農林水産省「農業物価統計調査」

変化してくる。その変化に農業が対応しているかというとままならないのが実状でしょう。

　市場任せでやっていけるという流れが強固になっていくなか、農業は補助金漬けだからけしからんとか、スーパーで安く買えればそれでいいとか。そういう話に終始していていいはずがありません。ウクライナ侵攻を好機とばかりに「食料安全保障」とか言い始めたものの、

肥料、農薬、飼料といった農業資源の価格高騰という生産者を痛めつける問題の解決は一向にできていません。資源価格の高騰に見合うような生産物への価格転嫁の方策がない。そういう認識がないから「市場に任せればいい」という暴論が依然としてまかり通ると思っているのです。

武本 実質賃金が下落している局面で、上流部の農業と下流部の大規模量販店のような垂直的な取引関係において、市場に任せていたら下流側が、消費者に関わる情報を独占することにより優越的地位に立ち、合理的な価格を形成することができなくなる。そして、そういう場合には、競争政策の登場となるのですが、食料システムができあがると、食料システムの機能が発揮されるように農水省も関わりを持っていく必要が出てきます。それが現実だと多くの人が認識することを前提として、それではどうするのかという話につながるわけです（**図・表10**参照）。

　ですが、現段階では市場に任せれば何とかなるという人が多数を占めている可能性が高いでしょう。さらに大多数の人々には基本的にデフレマインドがあり、安いことがいちばんという意識があるから、価格が下がるのです。下がって良かったねという話に安住することになれば、農家だけでなく加工、流通、消費という食料システムを構成する各当事者は全員が赤字という形で総崩れになるわけです。そうした事態を解消するためにどう考えるかが切に問われているのです。

金子 このままいくと間違いなく生産コストだけが上がっていきます。なおかつ残念ながら消費者の需要は加工された食品にシフトし、基礎的な調理素材となる生鮮農産物は思うように売れない局面に確実に入

るはずです。だからこそ、農家所得を補い、彼らの安定経営を支える直接所得補償が求められるわけです。

　ところが、マスメディアは農村に補助金を出すことにすごく抵抗感が強いようです。テレビも新聞も「日本は農業者を過保護にしている」と説く。そんなに過保護だったらとっくに農業の担い手は増えているわけじゃないですか。もうかるんだったら。なのに、なぜ減っているのかというともうからないからですよ。まさに基本認識が間違っており、そこがおかしいわけで農水省がそういう誤った認識を正す姿勢そのものがないのが大間違いです。

武本　それこそ農水省と財務省とで解決するような課題ではなく、国家財政の在り方をどのように編成していくのかという肝心かつ重要な話にほかなりません。つまり、例えば農業者への直接支払いのような「所得補償制度」は、食料安全保障や農業・農村の多面的機能という公共政策の観点から実施するかどうかの問題ですから、政権の在り方に規定される問題でしょう。だから、現政権では取り組まないでしょうし、できるわけがありません。

4　大規模化だけの「成長型モデル」を転換
新たな「食料システム」の立ち上げこそ急務

金子　とすれば政権交代が不可避となりませんか。

武本　少なくとも政権交代がなければ、予算編成の在り方を大きく変えることはあり得ません。

金子　昔は「農村は保守の金城湯池」という地域が根っこにあって自民党農政が強かったわけじゃないですか。しかし、能登半島地震の復興状況報道を見ていて思うのは、政府は予備費をほとんど支出していないし、補正予算も組んでいません。停電はようやく復旧しましたが、断水は放置しています。半年たって、ようやく道路が復旧したばかりです。

　やはり政治家に地方、地域でどうやって生きていくのかというマインドがない、世襲議員ばかりになって地方で生きていくという基本姿勢がなくなっているからではないですか。今回の基本法見直しで、農水省も農業を守るとしながら、農村を維持する感覚がなく、何をなすべきかという「攻めの論理」がまったくない。衰退するままに任せていくというスタンスです。

武本　そもそも1961年に制定された農業基本法は、農家が規模拡大して生産性を上げることで都市勤労者との所得格差を埋めていく、つまり農村の貧困解消を目指して制定された法律です。その実現手段として想定していたものは、農業の構造改善（規模拡大）と工業に対する農業の比較生産性の向上でした。

　しかし、現実は、大規模専業化や農業所得の増大によってではなく、国土開発法などによる工業立地再配分政策と全国的な公共事業拡大政策の発動とその後の高度経済成長と、1970年代から80年代にかけて経済大国化が実現し、農村地域に雇用機会が創出され、その結果として非農業部門による兼業所得の増大によって、その目標はほぼ達成できました。

　しかし、農水省が「それが結果オーライで良かった」で終わってしまっているのが最大の問題ではないかと思うのです。農業政策の主流にいる人たちは「失敗して残念だったね」で終わっちゃったのですが、「なんで失敗したのか」ということについての深刻な反省がなかったのではないでしょうか。

　拙著『食料システム論』(東方通信社) でも言及しましたが、考えてみると戦前の食管法があり、戦後の農地改革があり、1945 (昭和20) 年ぐらいまでの日本は経済に占める農業のウエイトが実に高い。国内総生産、国民総生産比で4割から5割ぐらいあった時代でした。当然、農業政策が国内の主要政策のトップを走っていきます。農業政策がなんとかなれば他はついてくるという構造が昭和20年代まではあった、おそらく1955 (昭和30) 年代まではそうだったはずです。それを前提として基本法を策定したのではないかと私は見ています。だから単純に高度経済成長によって農村から都市へ農民が流出すれば、自動的に農業の規模拡大が図られて農業と工業との格差が解消されると想定したのでしょう。

　しかし、同じ政府が工業立地再配分政策等を強力に推進すれば、農地改革によって零細農民の所有農地という生産手段が優良な資産としての価値を持ち始めたわけです。農民も農政における構造政策よりも資産価値が向上し、その管理が容易になる工業立地再配分政策等＝兼

業政策を強く支持したのでしょう。つまり、離農をさせて規模拡大を図るのであれば、離農後も農村に定住できるように地域における就業機会の確保と非農業用への農地の計画的な利用の在り方について積極的に制度構築をすべきであったと思います。しかし、当時の農水省には、そのような地域政策的なセンスは皆無だったのです。

金子 1961年の農業基本法は規模拡大が実現せず、意図しない兼業化で農工間所得格差を「是正」してきました。しかし現在の状況は、意図していた大規模化が進んだものの、人口減少が激しく農村コミュニティの崩壊を止められなくなる。歴史の皮肉です。

武本 イギリスで歴史的に起こった「エンクロージャー・ムーブメント（囲い込み運動）」が日本でできるかといえば、できるはずもなく、結局は「兼業」というかたちで農民は地域に残ったのです。なぜ残ったかというと前述の「全国総合開発政策」があったからです。全国に工場をばらまくことによって零細な農家が土地＝資産所有者となり、保守政治家にとって政権が安定するという効果が生まれたわけです。多くの国民、特に農家は農地の資産価値の上昇を意味したからその政策を支持したのです。だから農業経済学の教科書のような規模拡大政策で、農村地域から抜けた者は農業政策の対象外（＝切り捨て）として、残った農民による規模拡大を進めていくという冷たい政策よりは兼業を選択し、その地で暮らしていく道が提供されればそちらを選んだのでしょう。しかし、人口減少社会の現在は、兼業も逆風下にあります。

金子 それはなぜかというと、70年代に減反が始まっていくなかで、

1980年代半ばには日米貿易摩擦が起き、日本の半導体産業などがつぶされていきました。さらに90年代半ばでバブルが崩壊してからは本格的に低成長、デフレ時代に入ったからですよ。そして最後にリーマンショックで日本は激しい円高に襲われ、工場がどんどん海外移転した。結果として兼業機会がなくなり高齢化が進んで農家の数が減るだけではなく、農村そのものが崩壊の危機に直面しているのです。いよいよ地方はペンペン草も生えない状況に陥っていきました。それでも基本法は農業の大規模化だけを念頭にしていた過去の発想から全然脱してない。そうすると、農村の人口はより激しく減少していきます。この政策はむしろ「農村破壊法」的効果を発揮しかねない。そういう批判的精神が欠落しているのも深刻な問題といえそうです。

武本　マスメディアの基本的な論調は現在でもやっぱり農業は規模拡大すべきというものです。零細規模の家族農業を主体とする現行農業の構造を温存してはダメとなりがちです。これも実におかしい。

金子　農業単体として考えれば日本で規模拡大しても、現在の技術体系と農地の分散錯圃を前提とすれば、15から20ヘクタールぐらいが効率性としては限界ではないでしょうか。人を雇用し法人経営に移行しても農業は農閑期と農繁期がくっきりと分かれているから、農業部門だけでは恒常的な常用雇用ができない。
　私が実際に現場を見て回り、うまくいっているのは会津（喜多方）の酒造会社のように日本酒を製造しながら農業もやる方式です。秋に収穫したコメを冬場に日本酒の仕込みに使い、原料米が足りなくなると稲作に力を入れる。そこに社員を派遣するという循環経済が確立されていて、労働需要が平準化されるからペイするんです。ある時期は

仕事がなくなってしまうというのでは出稼ぎに行くしかない。それではせっかくの兼業の機会を失ってしまうことになりかねません。だから、たとえば地域循環型の食品加工をコア（中核）となって担う事業体を立ち上げ、そこが共同体で生きる人たちとのコラボレーションを生み出すようなビジネスモデルをしっかり作っていかないと大規模化してもうまくいかない。そういう視点と思考が改正基本法にはほとんど見当たりません。

武本　そうですね。農業分野でどんなに規模拡大をしても、機械を導入したというだけでは必ずしも効率的とはいえないはずです。ところが、いま議論されているスマート農業技術は自動化された大型機械が入っていけば問題が消えてなくなるような話を進めているという感じですね。

金子　それでは平地農村で集約された農地しか残らず、中間地農村、ましてや山間地農村は区画も小さく分散錯圃を前提にすれば、衰退を余儀なくされるばかりです。

武本　規模拡大を進めるとすれば、それを進める区画の整備や分散錯圃の解消、離農をする人々の定住政策の構築といった前提条件を備える必要があります。その条件整備にだれが汗をかくんだといえば、それは政府だろうと思います。政府がこの構えと覚悟を前提にして規模拡大を進めていきますという話であるならばまだ現実味があるのですが、単純に規制緩和していきますではどうにもならない。本当にそれで大丈夫かということです。

秋田県大潟村の広大な水田

金子　次に、食料システムが構築される段階には、なぜ食品加工業が必要かといえば、スーパーに買いたたかれる下請けではない存在としてのポジションを生産農家が確立するためです。問題は、政府の単純な発想では、いま起きている農村の荒廃をとても救えないのです。それには資源や原料はちゃんとしたところのもので、品質面での不安も安全面でのリスクもないものを正当な価格で買うことができる仕組みが不可欠ですよね。そうした食品加工業が安定的に存続することによる労働需要が地域にあり、それが農家の兼業労働が提供されることにより、地域経済を活性化させる力になる。そんな地域が生き続けていけるような多様な担い手が集う仕組みが必要だという点を踏み込んで考えなければ、基本法見直しの意味はありませんよ。

5 リスクも不安もない食料を正当な価格で手に入れる
適正な価格形成を法制化するには

——価格転嫁の法制化に向けた議論はあるようです（**図・表9**）。すでにフランスでは導入されていますが、食料生産者と加工流通事業者、消費者の三者が協議の場を設け、1次産業の持続的な発展を支えていこうとするもので、社会的実験といえるかもしれません。

武本 価格転嫁を法制化するというのは、素直に考えれば、価格水準の決定権を政府が握るような、いわば戦前の食管制度を作るということですよね。しかし、戦後の改革によって戦前の統制経済を廃止して市場経済による競争を通じて価格形成を図ることとした以上、いまさら戦前に戻るような改革はできないと思います。政府が価格決定について権限を持たずに、取引当事者間には利害の対立があることを前提とすれば、できないことをあたかもできるように話をしているに過ぎないでしょう。政府による合理的なコスト試算を示すなど道徳的説得を試み、消費者の懐具合が大幅に改善し、食料システムの各段階の当事者間の取引において価格転嫁のできる競争条件が整えば、できるかもしれません。

金子 法制化するとしたら政府が統制しないかぎりできない。結局、行き着くところ、スーパーに無理に強制するとしたら「統制価格」をやる以外に道はなくなるでしょう。だからこそ生活協同組合の担う役割に意味があるわけです。不安もリスクもない「食」に価値があることをしっかりと組合員に認識してもらえることができれば、その加工品を価値に見合った正当な価格で購入してもらえるようになり、その

（図・表9）コスト高騰に伴う農産物・食品への価格転嫁が課題

▶ 農産物価格指数の上昇率は、農業生産資材価格指数の上昇率と比べて緩やかな動きで推移

▶ 農業経営の安定化を図り、農産物が将来にわたり安定的に供給されるようにするためには、生産コストの上昇等を適切な価格に反映し、経営を継続できる環境を整備することが重要

▶ 農産物の価格については、品目ごとにそれぞれの需給事情や品質に応じて形成されることが基本。流通段階で価格競争が厳しいこと等、様々な要因で、農業生産資材等のコスト上昇分を適切に取引価格に転嫁することが難しい状況

▶ 生産資材の価格高騰は、生産者等の経営コストの増加に直結し、最終商品の販売価格に適切に転嫁できなければ、食料安定供給の基盤自体を弱体化させるおそれ

▶ 2022年11〜12月実施の農業者への調査では、コスト高騰分を販売価格に転嫁したとの回答が13.5%。2022年9〜11月実施の中小企業への調査では、食品製造業におけるコスト増に対する価格転嫁の割合は45.0%

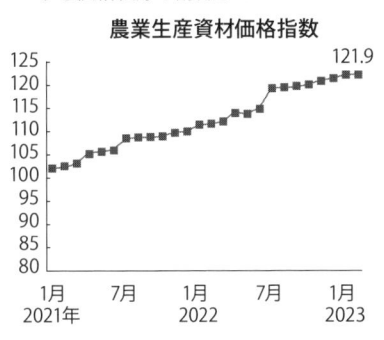

農業生産資材価格指数

資料：農林水産省「農業物価統計調査」
注：1）2020年の平均価格を100とした各年各月の数値
　　2）2022年、2023年は概数値
　　3）農業生産資材価格指数は、農業経営体が購入する農業生産に必要な個々の資材の小売価格を数値化したもの

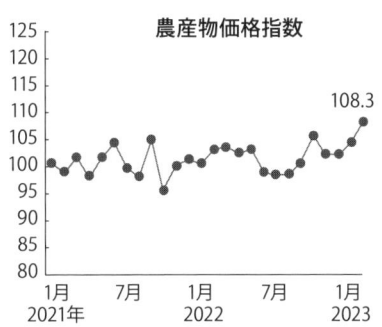

農産物価格指数

資料：農林水産省「農業物価統計調査」
注：1）2020年の平均価格を100とした各年各月の数値
　　2）2022年、2023年は概数値
　　3）農産物価格指数は、農業経営体が販売する個々の農産物の価格を数値化したもの

農業者が農産物を販売する際の価格転嫁の実現状況

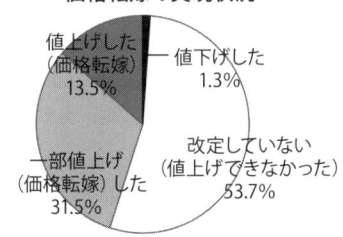

値上げした（価格転嫁）13.5%
値下げした 1.3%
改定していない（値上げできなかった）53.7%
一部値上げ（価格転嫁）した 31.5%

資料：公益社団法人日本農業法人協会「第2回農業におけるコスト高騰緊急アンケート」（2022年12月公表）を基に農林水産省作成

システムを通して農家が生きていける。このような関係性を担保しながら生産から消費までをつなぐシステムがきちんと機能させられるのは生協をはじめとする協同組合であり、そうした仕事は政府にはできない。

　実際、農協も先進的な役割を果たしているところがあります。大分県大山農協のように、共通する菌体肥料を使って作った零細農家の農産物を直売所とレストランを大展開して稼ぐ方式。あるいは北海道士幌町農協のように、ジャガイモ農家の取引先・販売先であるデンプン工場を直営し、味の素やカルビーのOEM生産を大規模に引き受けているところもあります。生活協同組合も積極的役割を果たす可能性があります。農家が持続的な生産を担い、適切な安全基準が担保される装置として、トレーサビリティー（生産履歴追跡確認可能）を構築する役割を果たせます。

　たしかに、生活が厳しくなるなかで、生協の組合員にとってコスト面で厳しいのは事実でしょうが、そうしたことにかける手間と労力は、最終的には消費者の利益につながるものであり、適正な価格転嫁ができるようにするためには不可欠なのです。それが生産・加工・流通・消費の主体者が互いに生きていけるような仕組みにほかならないのです。それができて初めて、リスクも不安もない食料が正当な価格で取引される「食料システム」が確立されるのではないでしょうか。それには「安全」という価値を消費者に「見える化」するトレーサビリティ（生産履歴追跡確認可能）システムと表示ルールを全国民に周知する運動が不可欠です。

　そうしたシステムの確立は政府にはできません。スーパーのただ安くて何かしら不安が残る商品に対して、多少は高いにしても「うしろめたさ」を感じさせないという価値を持った素材で対抗していくため

の社会システムをつくる必要があるのです。そして、「こちらのほうが良い」と皆が認識できるような状態を作っていくのです。できるだけ生産者と直接取引をすることで価格を圧縮する努力もそのような価値の実現の一つですが、そしてそれは非常に大変ではあっても、何とかしてブレークスルーする道を見つけ出し、きちんと農家が生きていける値段を維持する。

　リスクも不安もない基準を保証しながら流通消費する仕組みをどうやって作っていくかが問われているのです。協同組合がそういう役割を果たしていかないと、農業の衰退状況は救えない状態になっていくでしょう。こうした生活協同組合の役割を通じて生産者にとっての最低限の所得水準の維持が可能になってくる。それがなかなかできてない。消費者も苦しい。苦しいけど、そういう方向性を追求していくしかないのだと私は強く思います。

6 国内産地の衰退は加工・流通業と消費者の「危機」
コメ不足報道の裏にある経済格差と貧困に目を向ける

——その通りだと思います。ただ、なかなか生協陣営も厳しい経営環境に置かれていることもあり、容易に大きな一歩を踏み出せずにいるというのが正直なところです。悔しいかな、耳が痛いというしかありません。

金子 よく分かります。だからこそ、この状況をもう少し何とか変えていかなきゃいけないわけです。それには生産者と流通事業者が食品の安全ルールを整備し、所得水準の維持を図る。そこに流通コストを圧縮する食品加工業をうまく巻き込めるようにしたいですね。協同組合が消費者と農業者の媒介役を務めるのです。そのコアになれるのは生協陣営でしょう。

　そうした存在がないかぎり今の状況は変えられませんし、このままでは産地はどんどん衰退していってしまいます。いうまでもありませんが、不安もリスクもない「国産」は希少価値であり、その価値は今後ますます希少になるとアピールしていくしかない。いま相当厳しいでしょう。しかし、輸入品の値上げもひどくなるなか、それを奇貨として食品の安全ルールを重視する運動を展開することができるのではないかと思うのです。当然、生協にできることの限界があるのは理解できます。しかし、スーパーなどに比べて生協には生産者との距離が短く、関係性が深いという有利性があるはずです。そこを足場にさらなる一歩を踏み出してもらいたいです。

武本 金子さんが指摘する消費者と農業者の媒介役を協同組合が務め

「このままでは産地は衰退する一方だ」

るという視点は重要です。今のような人口減少社会で経済が衰退する局面では、単に競争原理を利かせるだけでは、食料システムを構成する主体は総崩れを起こし、結果として国民一人一人の食料安定供給も確保できなくなります。そうした状況を転換するには、最終的には国民が豊かになれる経済構造に転換することが必要ですがそれには時間がかかります。したがって、それまでの間は、消費者の利益と食料の安定供給を担う事業者の利益との調整を図りながら食料システムの強靭化（きょうじんか）を図る必要があります（**図・表**10参照）。協同組合は、まさに競争政策と産業政策との利害の結節点にいる存在です。競争政策当局と産業振興政策当局への理解を求めていくうえでも重要な役割を果たすことが期待されます。

——国内産地が衰退し、崩壊局面に向かっているとしたら、困るのは国内の加工会社であり、消費者自身です。そこに共感が容易に集まら

ないのが残念です。なぜ、そうなってしまうのでしょう。

金子　いわば成人病と同じ状況にあるからです。直接痛みを感じないからですよ。自覚症状がないから、とりあえず日々の生活で安いものを食えればいいという感覚ではないですか。実際に食料危機でも起きて初めて意識するのでしょう。終戦直後のような状況にでもならないかぎり、なかなかみんな実感できない。経済全体がそういう病でしょう。

　こんな危機的状況で投機（円や国債は日本売り、株や不動産は買いあさり）の対象にされている。それでも消費税減税を訴求する声もあります。しかし、歳入の30パーセントが国債依存なのに、さらに歳入の20パーセントを占める消費税がなくなって赤字国債に依存したら、円も国債も投げ売り状態になります。それでは猛烈なハイパー・インフレーションが起きます。しかし、それが現実にならないかぎり分からない。だから「減税しとけ、ばらまきしとけ」という単純な話になってしまうわけです。

　現在の農業の実像はもっと分かりにくい。だから、根本的にはこういうふうにしなければならないと、頭の中である程度理解できる人がいても、その必要性をリアルに感じないのではないですか。

——危機的といえばコメです。稲作を「どうしてもつぶしたい。コメは要らない」と露骨に言わないまでも、もはや山間地や中間地に稲作は不要だから畑地にせよという空気が醸成され、銘柄米の特定産地で生産効率の高い平野部の水田さえあればいいとするかのような政策誘導がなされている。しかも、それを改正基本法が裏打ちしてしまっている気がしてなりません。せっかく作付けが進んだ飼料用米も、いつ

大幅減少に転じてもおかしくないような事態に直面しています。

武本　今回の基本法見直しに水田をつぶして畑地化しろとの意図を感じさせるのは確かでしょう。アジアモンスーン地帯において最も適している生産装置は水田であり、稲作であるにもかかわらず、何とも不思議な話です。どう考えても食料安全保障論からすれば、水田という生産装置を放棄することはあり得ないでしょう。また、稲作の調整の関係で小麦や大豆を水田で生産することは、効率性は落ちるかもしれないけれど、少なくともリバーシブルに生産転換できる水田を維持することにつながりますから、社会的なコストとして、安全保障上のコストとして国民全体で守っていくべきものでしょう。財政当局から言われたかどうかは知りませんが、「水田から畑地化への転換は、食料自給率との関係ではとりあえず農地として保全することにし、稲作をやめることに対しては手切れ金だけ出していく」と食料安全保障を所管する省庁が考えたのだとしたら、貧すれば鈍する以外の何ものでもないなと思います。

——そうかと思えば、海外からの訪日客の増加で外食用のコメが不足したため、卸売価格が高騰して町の小売店が悲鳴を上げているという報道が盛んにされていたりもします。にもかかわらず、もうコメは作るな。それでもいざというときは「供出せよ」の強権発動。エッ、どういうこと？ですね。

武本　昨今の主食用米をめぐる価格高騰の騒ぎは、コメの減反政策をしっかりと行っているなかで、コロナ禍で激減した外食需要が持ち直し、特にインバウンド需要が最近の円安効果もあって復活してきたこ

「エンゲル係数の上昇は国民生活の厳しさの現れ」

とによるコメ需要の回復があるのですが、そのほかに一般家庭における コメを食べる量がいくつかの条件の重なりによって増えている可能性があると考えています。実質賃金の下落に伴い所得水準が相対的に落ち込んできて、パンや麺などに比べ割安なコメにシフトし始めたのかなと思っています。

　そうした事態は一時的かどうか検証していく必要がありますが、今の局面は、消費支出に対する食料費の割合であるエンゲル係数が2015年あたりから上昇基調をたどっていることに留意する必要があると考えています。その原因は、分母の消費支出を規定する所得水準が実質賃金の下落に伴って減少をし始めたこと、また、分子の食料費のうち輸入品を中心に円安効果もあって上昇傾向にあることによるものです。所得水準が上昇すると食料費は所得の上昇ほどには上昇しないことが一般的であるため、エンゲル係数は減少していくのが普通です。したがって、エンゲル係数が上昇し始めるということは、一般的に生活が

貧しく苦しくなってきたことを意味するのです。

　一方で、食料のうち主食のコメは他のパンや麺に比べ価格が高いこともあって減少を続けていました。それが、昨今の輸入小麦や大豆の高騰の一方で、国産米の価格が比較的に安定していることもあって、一時的に国産米への回帰が起きているのかもしれません。そうした事態が起こると、コメは長い間の減反政策によって需要に見合った生産を指導されている一方で、昨年夏の猛暑による生産減もあり、予想外の需要増によってスポットのコメ相場が暴騰し始めているのかもしれません。いずれにしてもアベノミクスによってもたらされた今回の物価上昇局面は、本当に経済的に厳しい家庭をしてコメを食べ始めさせたのではないかと思います。コメがいちばん安いからです。

金子　ジニ係数という指標があります。0から1に向かって増えていくのは格差が広がっていることを示したものですが、税金や社会保障給付など所得配分を実施した後の数字を見てもいったん減ってきたのが、最近になって格差は再び広がっています。深刻なのは実質賃金が下がっていくなかで格差が拡大している現状です。経済成長している時に格差が拡大しても、不満こそ出ても食べられない不安は少ない。ところが、現在は実質賃金が2年を超えても減少が続き、格差がどんどん拡大していっています。つまり、食べていけない人が生まれ始めているんです。コメの消費が増えていくのは経済的苦境の反映です。コメを何としても守ろうという意識はもちろん重要ですが、だからといって大規模化してという話とはまた違うんじゃないかと私は思っています。

――そういう議論がまるでない。本当に具体性に欠けた見直しでした。

武本　具体性がないことの一つは、家族農業の経営が将来どうなって
いくのかという道筋が示されていないことに表れています。一般勤労
者の家庭でさえ所得が減っていくのですから、兼業所得の割合が高い
一般の農家も減っていくのは当然です。それもえらい勢いです。そう
した逆風にさらされる家族農業経営体だけに依拠するだけで今後の日
本農業を支えていけるのか。

　その時に舞台に登場するのは独立自営の大規模農家・法人だけでは
なく、株式会社をはじめとする農業事業体みたいなものが生まれてく
るのか。そこはちょっとよく分からないところがあるにせよ、いずれ
にしても経営感覚のある人が農作業の好きな人を雇うような方式にな
るのではないか。それを「雇用」と呼ぶか、「フリーランス」と呼ぶ
かは分かりませんが、多様な形態は確実に出てくるはずです。たとえ
どの形態が主流になっても、政府はちゃんと食べて、家族と暮らして
いけるだけの最低賃金を守るぞという気概と具体的な労働法制システ
ムを用意しなければならないのではないかと思うのです。

　これは農水省だけの話ではなく、厚生労働省の所管かもしれません
が、少なくともそういった課題については、農水省が口火を切って言
わなきゃならないだろうと強く思うわけです。そういう話を2030年に
向けて「こういうかたちの農業経営に行くかもしれない」と示し、そ
の間をどうやってつないでいくかの具体策を提示する必要があります。
農家・担い手への直接支払いの方式がいいのか、雇用労働、フリーラ
ンスの労働者に直接給付したほうがいいのか。そこは所管省庁である
農水省によくよく他の分野も参考にしながら勉強しておいてもらわな
いといけないということです。

7　有機農業に不可欠な地域における「耕畜連携」
　農家の「営為を評価しなくていいのか」の視点

——いささか語弊があるかもしれませんが、耕地面積が小さくて狭い、生産効率が悪くてスピーディーではない農業が家族経営かもしれません。しかしながら、声を大にして言いたいのは「この人たちの日々の営為が日本の食料生産を根底から支えている」のが事実ということです。これは統計上でも明らかでしょう。小さい単位が農業を回していき、小さいものが集積していってひとつの集合体、有機的連帯を作っていくというやり方ができれば、有機、無農薬、減農薬でもやっていけるんじゃないか。可能性が高まるんじゃないかと思います。いきなり欧米のような大規模化路線は選択できませんし、まったく現実的ではありませんよね。

金子　ヨーロッパでも有機農法の大規模化には限界があります。そうしたなか、日本も50ヘクタールないしは100ヘクタール規模は増えてきているようです。しかし、日本は大規模化するための自然条件が不利です。なおかつ農村自体が人口激減により維持できないような事態が放置されつつあり、まず病院がなくなる。学校がなくなる。兼業の機会がなくなる。ゆえに人口が条件不利地から減り、耕作放棄地が増えていく流れにある。ところが、縦割り行政もあって、農水省がそれでいいとしている節があると私は見ています。

武本　ヨーロッパで行われている環境政策というのは、基本的に過剰生産を回避していくための、かたちを変えた生産調整としての役割を持っています。だから化学肥料、化学合成農薬をまかないでくれとな

る。環境に優しくというのは、実は裏側で生産量を減らすことだったのです。こうした事態に備え、農家の目減りした収入を埋めるために化石燃料由来の物質の投入を軽減し環境に優しい農業に転換するという環境ロジックを駆使するものなのです。日本でもみどり戦略では農地の25パーセントを有機農業に充てるとしていますが、これを実現するためには、環境支払いの導入を検討する必要が出てくるでしょう。

　減反という話になると受益者は、農民の農業所得を保護するために行われることになりますから、なぜ納税者が拠出するのかが問われることになります。そこで環境支払いということであれば、広く一般市民のために農民が環境を良くする活動をするんですよという方向に政策を変えていくことにほかなりません。欧州では農作物の過剰生産をどうするかと悩み、日本はコメの過剰生産にどう対処しようかとしているわけです。とはいえ、日本は、低い食料自給率を上げていく必要がありますから、増産を目指すことになります。特に中長期的には世界の人口増加が続くなかで、日本経済の成長にとって食料自給率の向上は必要不可欠の政策課題となっています。が、現実の政策は逆方向です。食料安全保障を確保しつつ、農業・農村の多面的機能の発揮を担保するためには、農業の振興と環境の保全を図る農業環境政策の構築が必要となってくると思います。

――有機農業には田畑の耕作と酪農・畜産のリンクである「耕畜連携」が不可欠ですが、日本では容易に進まないのが実状です。それなくしてみどり戦略の実現なしではないかと私は見ていますが、どうでしょう。

金子　以前に武本さんと連れ立って山形県米沢市を訪ね、米沢牛のし

尿を集めて畜産バイオマス発電事業に取り組み、あわせて有機堆肥を生産している農場を視察させてもらいました。個別の零細農家では限界がありますので、こうした事業を通して稲作、畑作、酪農・畜産農家が連携するのが望ましいですね。ところが、農水省のみならず、関係する役所には、再エネ事業に対する積極性がない。ソーラーシェアリングとか畜産バイオマス、いろんなやり方でそれが所得の補助手段として位置付けることにとどまってしまっています。

——耕畜連携から生まれた事業所得が通常の収入にオンされていくものとして位置付けられるような仕組みもほしいですね。そうしたことも今回の基本法見直しの視野には入っていないようです。

金子　ドイツとかデンマークではそうなっています。農業者の収入は、直接支払いと再エネ収入と本業収入が三位一体で構成されている。日本の農政にはそういう位置付けがまったくないんですよね。電力は原発に依拠とか、そういう話ばかりが喧伝（けんでん）されています。農業に従事し、農家として生きていけるようにするにはどうしたらいいのかという発想がそもそもないのがおかしい。それでいてみどり戦略ですからね。

——みどり戦略も中身がないものになってしまっていませんか。

金子　1970年代ぐらいから有機農業を社会的価値として認知してもらおうという動きは続いていて、それを心ある消費者たちが支援しながら育ててきた結果、それは良い価値だという認識が定着してきました。それがみどり戦略につながったのでしょうが、どうも看板を利用する

だけという印象が拭えません。そこには農村でどうやって生きていけるのかという手段として、畜産バイオマス、ソーラーシェアリングの導入を積極的に支援するための具体策はなく、それによってエネルギーと食料の自給を推進し、それらの輸入を減らしていくための戦略も書き込まれていません。

　原発をやろうとしたら、原発は融通が利かないエネルギーなので、電力需要の変動を調整するために、火力は必然的に可動的なエネルギーとして必要不可欠だとしています。原発を動かすためにはどうしても火力依存になっていく。だからといって、再エネで、蓄電池で補填するという戦略があるわけでもない。実に残念です。そうしたなか、有機農業は「安全で良いよ」という価値だけを表看板で使ってはいるものの、それらに本気で取り組む気はないような、あるような。しかも、どうやって農業をスマート化していくのかという工程表もない。中身のない内容にとどまってしまっています。

武本　「農民の環境改善に資する営為に対して国家としての正当な評価をしてください」という提案は、食料自給率の向上と脱炭素化という環境目標を実現するためには農業環境政策の構築が必要不可欠だと思っています。こうした観点に立てば、政府がその営為を国民に説明できることを前提に「そうしましょう」という対話を行っていかないと政策構築につながりません。その場合、みどり戦略における有機農業に関する数値目標は2050年脱炭素を実現する前提条件ですから、国家目標ともいうべきものでしょう。しかし、有機農業を推進するためのみどり戦略推進法の立て付けは、国家目標の実現のために都道府県や市町村に何らかの義務付けをするものとはなっていません。腰が定まっていないとも感じられます。だからといって、生産者の有機農業

発電しながらの酪農。今後は稲作と畑作の連携が求められる

取り組みへの行動変容を積極的に図るつもりも感じられません。

——具体的にどういう仕組みを用意し、農業者に脱炭素の取り組みを促していくのでしょうか。

武本　たとえば、行動変容の手法として「炭素の見える化」として炭素税とリンクさせることが考えられます。炭素1トン当たりいくらという単価が決まってくれば、そこから一定の係数で計算された数字が算出可能となります。それをもとに直接交付金の単価を導き出し、化学肥料に代えて有機肥料を使うことや化学合成農薬に代えて土壌の浸食を防ぎ、土中の有機物を増やすレンゲなどの「カバークロップ」による天敵農法の導入によって二酸化炭素（CO_2）の排出を減らすことができます。そういうシステムを構築していくことによって、生産者の有機農業への行動変容を促すことが期待できるのです。

　このようにCO₂の見える化という価格と連動させずに有機農業は安全安心との精神論でいくら論議を重ねても「それはあなた方が好き勝手にやっているんでしょ」というレベルの話になってしまいます。日本の全耕地面積の25パーセントにあたる100万ヘクタールを本気で有機農地にするというのなら、少なくともそういう試算に本気で挑戦し、そこに法的基盤を持たせるということを徹底的にやらなければダメでしょう。それは先ほどから論議してきた食料システムの考え方に立ち、それがモデルとして立ち上がればそう無理なくできる話じゃないかと私は考えています。

——今日は実に刺激的かつ重要なご指摘と建設的なご提言をありがとうございました。私たち生活クラブ連合会も厳しい経営環境のなかで悪戦苦闘を強いられているせいか、ついつい後ろ向きというか、ネガティブな思いにとらわれがちですが、それではいけないと改めて考えさせられました。この場でお二人にお話しいただいた内容を踏まえ、少なくとも前向きに顔を上げて組合員と生産者と共に歩みを進めていきたいと思います。本当にありがとうございました。

補論　何が日本の農村を荒廃に向かわせるのか？

　本編では伝えきれなかったこと、あえて補足したいことを金子勝さんと武本俊彦さんに聞いてみた。司会は生活クラブ連合会の加藤好一顧問が務めた。

生産コストの上昇招く、コンマ数秒での利潤追求

——新型コロナウイルスの世界的感染拡大（パンデミック）とロシアによるウクライナへの軍事侵攻、さらにはイスラエルとパレスチナの泥沼の戦闘によるガザの悲劇的な苦悩という戦争の連鎖によって、原油と穀物の国際取引価格が高値安定傾向にあるなか、2008年のリーマンショックの際と同様に「食料危機」の再来が指摘されています。当時はリーマンブラザースの経営破綻で行き場を失った投機マネーが原油や穀物取引市場に大量に流入したことが「食」と「エネルギー」の価格を上昇させたとされました。あれから16年経過しましたが、今回の原油と穀物の価格上昇の背景にはいかなる問題があるのでしょうか。

金子　リーマンショックの際に、それまで野放しだった「ヘッジファンド」の収支に対し証券取引委員会（SEC）への報告義務が課されました。それまで100人以下のヘッジファンドの事業は野放し状態でした。代わりにCTA（商品投資顧問事業者）が主役として登場しました。それが新しい「金融情報資本主義」を創り出しています。

　彼らはコンピューターを使って「ハイ・フリークエンシー・トレーディング（HFT）」という高速取引をしています。しかも彼らは、こ

の高速取引を使って、本来リスクを回避するための金融派生（デリバティブ）商品である「先物取引」自体をもうけの対象にし始めたのです。すると何が起きるかというと、先物取引はもともとリスク（危険性）をヘッジ（回避）する金融商品ですから、その代金が手に入るのは３ヶ月後になります。仮に３ヶ月後の為替取引が円高になるとすれば損をすることになるという場合、円安の水準で損をしないようにリスクヘッジする金融商品を手に入れるのがもともとの趣旨でした。ところが、先物商品がもうけの対象になってしまうようになれば、たとえば、それ以上に円安にした先物取引を手に入れれば、本来交換する現物より差益が発生します。こういう取引を頻繁にやってもうけます。すると、奇妙なことが起き始めます。

　先物は現物の取引より未来に起きることを時間短縮して実現してしまいます。たとえば、「日本の財政が危ない」と予想あるいは期待されると、財政赤字でいますぐには破綻しないまでも「このままいったら破綻する」と持続可能性がなくなる恐れが高まったと認識される。すると円も国債も売られてしまう事態が起きるようになりました。それが一点。

　先物をコンピューターで高速取引すると、上がったり下がったりの変化率が大きいほどもうかる構造になっています。ある種のフェイク情報でもみなが共有すると、一気に流れがオーバーシュートしていきます。これが経済法則では本来起きないようなことが起きる要因です。たとえば未来の財政がうまくいかないからと円が売られ国債が売られる。よく見ると、国債の価格が下がって長期金利が上がるのに円安になるのはおかしいじゃないですか。普通は自国の金利が上がれば円の価値は高くなるはずなのに、未来のパフォーマンスが悪いという動きになると、そういうことが起きるわけです。貿易収支を見れば、先端

産業が低迷していて産業が衰退して円安になっているのですが、外国人投資家が円や株、不動産が割安になると受け止めたら、経済が悪いのに株価が上がってくるという現象が起きる。そういう変化率での商売が始まると、本来の経済法則とはまったく別の動きが生まれてきてしまいます。

　一方、2024年8月2日には日経平均株価が2216円安、8月5日には4451円も下落するという史上最大のパニック売りも、先物主導で起きました。5月の連休と7月11日と12日を中心にして財務省が合計15兆円超の為替介入が行われ、7月31日に日銀が政策金利を0〜0.1%から0.25%に引き上げたのを契機に、1ドル＝150円台から140円台へと円高に振れると、円安バブルが一気にはじけて先物取引が次々と売りを呼び、株価の暴落になりました。

——そういう金融市場の不安定をもたらしているのに、アベノミクスは「異次元の〇〇」と多くのマスメディアがもてはやしてきたわけですね。

金子　そうです。アベノミクスの異常な金融緩和が弱点となって、新しい金融情報資本主義に突かれるようになっています。たとえていえば、肺炎にかかってるのに風邪薬を飲んでも効かないと。じゃあ風邪薬を1瓶飲んだら良くなるかという暴論に等しい政策がアベノミクスだったと私は見ています。そのように全然意味の無いことをやり続けたということ。それを10年も続けてやっちゃったんで動きが取れなくなってしまいました。

　1000兆円の国債を発行し、日銀が600兆円近くも買ってしまう。そうすると未来のパフォーマンス、先物中心の投機マネーに「もう金利

は上げられないだろう。こいつら」と読まれちゃう。金利を上げれば、国債費が膨脹し始めます。国債の値段が下がって、日銀は多額の「含み損」を抱えます。日銀が抱えている当座預金の付利（金利）を上げなければいけなくなります。今この瞬間よりも、この先そうなるだろうという読みなので円が猛烈に安くなったり国債が安くなったりということが起きるのです。それがインフレ・物価高という形で庶民の暮らしを直撃しているわけです。それでもマスメディアに経済学者、経済アナリストの多くは「やがて元に戻るだろう」と説いてやまない、それは現在の投機マネー中心の金融情報資本主義の変質が理解できていないからではないかと思います。

　「国富」とは国内総生産（GDP）と国民総生産（GNP）であり、「国益」は外交。自分の国にとってこの政策が利益になるかならないかという判断基準です。かつての成長経済の時代には、産業が伸びればGDPが大きくなるから「国富」が大きくなる。ならば農業などを切り捨てても先端産業を担う日本の工業製品を輸出して稼げばいいじゃないかとされ、これが「国益」と合致していました。ところが縮小経済になってくると同様の政策を続けていっても「国富」は増えないわけです。むしろ貿易赤字がひどくなっていってしまいます。これまで通りやっていたらどんどん危なくなるばかりだから、むしろ「食」と「エネルギー」を中心に自給率を上げるようにしないと「国益」にかなわなくなるわけです。

「自由貿易」と「規制緩和」を説くなら「対等な競争条件」の整備を

――今後も農産物の貿易自由化を進め、輸入が増えていけば「持ち出し構造」が強化されることになります。それで「よし」としてしまえ

るのはなぜでしょう?

金子　大きいのは米国との関係でしょう。自由貿易体制にすれば基本的には工業製品が外交との関係で輸出しやすくなります。「日本は農業分野で譲ったのだから、そちらも譲れ」となる。しかし、自国の産業が優位にある時はそれができても、自由貿易は強者の論理で動きますから、日本が弱くなった現在も同じことをまだ言っていると全然稼げなくなるだけです。それでは結果的に貿易赤字がどんどん拡大するようになってしまう。それは大変まずいでしょうということです。

——政府は依然として「規制緩和」を主張しています。

金子　彼らは「規制緩和」をきわめてご都合主義的に主張します。いわば政治献金を出してる企業にとって都合がいい環境整備ですよ。その一方で、彼らの利益になる国家事業をばんばんやっている。原発に象徴される電力会社の独占、石油会社の元売りへの手厚い補助金支給。マイナンバーカードもそうです。そうした関連事業をそのまま入札にかけたら、それこそアメリカのグーグル・アマゾン・フェイスブック(メタ)・アップル・マイクロソフト(GAFAM)が安く買ってしまうでしょう。政権与党はイデオロギーで「自由貿易だ」「規制緩和だ」と言いますが、それは自らの既得権益を守るための方便というしかないのではありませんか。

——報道を見ていると農業者自身のなかにも強者の論理に立つ人が増えてきていることに驚きます。

武本 それは円安になってきた時からの傾向でしょう。実際にコメの話でも、市場によってはまだまだ米国カリフォルニア産米のほうが強かった。米国はもともと地下水を使った水田農業で、地下水が枯渇し始めて価格が高くなってきていました。そこにものすごい勢いの円安が拍車をかけ、日本のコメのほうがカリフォルニア米より安くなったんですよ。そうなれば規模拡大と機械化で量産体制を敷いた日本の農家は強気になります。それが強者の論理です。

金子 もうひとつは土地の集積の問題。10ヘクタール以上の水田は増えていますが、それより下の面積は減っています。大規模事業者が大ロットで売れるような先を確保する構造が定着し、そういう農業者が増えてきています。

──とはいえ、日本各地の農業の主体は中小の家族農業ですよね。その人たちの経営をいかにして守るかが問われていると思います。その使命を担うのが農協（JA）ではありませんか。

武本 そもそもJAにはコメの集荷力で勝負してきた歴史があり、卸事業者が台頭してきて一定の秩序ができても、やはりJAの力は強い。本気になって「じゃあ全農が勝負しますか」と脅されたらなかなか難しいという現状がある。もう少し競争原理が働いてもいいと思いますが、JAに自由競争する気がなく、卸事業者のほうにもない。農家の立場になった時、本当の意味でのメリットは何かという議論が今後は出てくるでしょう。本当の意味の競争をどう考え、いかに具体化していくかという話になってくるはずです。このままでは先のGAFAMではありませんが、これまで食品の生産加工流通業とはまったく縁もゆ

かりもない人々が、最先端の技術を持ちながら参入してきた時は本当に荒らされていくんじゃないかなという気がします。だからちゃんと公正な競争ができるような秩序を作っていく必要があるのです。そのうえで競争してねということです。だから「食料システム」という、ちょっと気を衒（てら）ったものでやっていったほうがいいんじゃないかと私は提案しています。つまり、資本の強弱、規模の大小に左右されない公平な競争の場を用意し、そこに法的な根拠をしっかり持たせて円滑に運営していくということ。資本力が強大なものが弱者を食うかたちじゃない「ルールとシステム」を用意するのです。

――とはいえ、より大きな資本が支配的になる懸念は払しょくできません。

金子　自分たちだけの利益を追求すると、村や町全体の崩壊につながりかねない。いろんな経営形態、たくさんの産業があって社会が回っている面からいえば、一色になると滅びていくんです。そうならないためにはJAが主体となっている地域は農業者がいろいろな人を呼び込んだりして、引き継いでいくという方法もあるわけです。たとえば士幌だったら農業者自身が大手企業を誘致し、自分たちもデンプン工場を所有しながら大手企業のブランド品の半製品化（OEM）に取り組んでいます。JAが大規模なジャガイモ農家を組織しながらOEMの事業体になっています。

武本　農水省の発想には競争政策という視点はまったくない。なんでないかというと農業セクター全体が弱者の集団だったのだから、それは公正取引委員会をはじめとするほかの役所がやってくれているはず

という多分に縦割り的な考えに立ってしまっているからでしょう。それが加工流通業まで合体した食料産業セクターを自分たちが支えていくという発想に転換してくれば、いやおうなしに農水省が中心となって手を入れざるを得なくなる、動かざるを得なくなるはずだと私は思っています。それが農水省の今後の新たな仕事になるとOBの立場で説いたのが東方通信社刊『食料システム論』（**図・表**10）です。それは生協や農協の社会的使命にも通じますし、まさしく今日的なテーマになりつつあると思います。協同組合が主体となって公正な競争をやっていく。アンチトラストではありませんが、公正な競争をするためには中小の零細事業者が集団を組んで大資本にたいして対抗するのが望ましい。「だから政府が一定の支援をしていく」と基本法の条文に書いていいし、そう書くべきなのです。これに近い条文がすでに独占禁止法にあるわけですから、それをやりながら似たようなことを新しい基本法の中に入れても良かったんじゃないかと思っています。

　企業がどこまで責任をもって１次産業に参入するかには疑問が付いて回るということですが、それはイコールフッティングの考え方を踏襲するということで説明すればいいんじゃないかと思うのです。株式会社に農地の所有を認めても、もうからなくなったら出て行ってしまうという懸念を抱く人は少なくないでしょう。一方、農民はそんな簡単には出ていかない。しつこいぐらい残っているから、農地の所有権は農民にだけ認めるべきという話はよく耳にします。しかし、少し考えてみてください。農民だっていざとなったら「それじゃあね」とできるわけです。そこに社会的な規範とかいろいろなことがあるから事実上やってないという見方も成立しませんか。とすれば農地を農業的に使う人には農業的利用の義務をだれにでも対等に課せばいいのであり、その義務の中身の問題になってくると思うのです。農民が果たし

（図・表10）　武本の唱える食料システムとは何か

武本は、農業生産とその加工・流通を経て消費とが密接な関係を形成してきた実態を踏まえれば、
— それを一体としてとらえ
— その課題を分析し
— 解決策を提案する
ことの重要性を主張
武本の唱える食料システムとは、食料産業の形成＊を前提として、市場メカニズムが機能
するように必要な「食と農をつなぐ制度」を装備＊＊したシステム＊＊＊と定義
➡ こうした考え方に立つ食料システムは、政府の改正案に盛り込まれている食料システムの考
　え方とは大きく異なっている！

（参考）「食料システム論」脚注

＊　　食料産業：食料消費の飽和化と家事労働の外部化等➡農業＋食品産業（中食・外食
　　　に関わる産業）の形成

＊＊　市場メカニズム：資本主義経済における資源配分と所得分配を規定する市場機構の
　　　こと。主流経済学では、市場の調整は瞬時に実現し、資源配分と所得分配は両立するこ
　　　とから、政府による関与は必要がないとの考え。これに対し筆者は、市場の調整には一
　　　定の時間とコストを要すること、資源配分と所得分配とが両立するとは限らないことか
　　　ら、望ましい市場均衡を達成するために主権者が選んだ議会による法令などによって補
　　　完するとの考え方に立脚している。
　　　なお、宇沢弘文（（2000）社会的共通資本（岩波書店）、（2015）ヴェブレン（岩
　　　波書店））が唱えるヴェブレンに始まる制度主義の考え方を具現化した「社会的共
　　　通資本」の概念を参照した。

＊＊＊システム：構成要素の部分最適が必ずしも全体最適を保証するものではないことから、
　　　全体の最適性を担保するため部分間の調整を行う機能がビルトインされていること

ている、地域に定住しながら農業をやっていくという「常時耕作義務」
と昔書かれていましたが、それと同じ義務を法人に課してもいいはず
です。それがイコールフッティングだからです。

　つまり「同じフィールドで競争してね」と政府は言えばいいわけで
す。「自分たちはサポートしているだけです」と言えばいい。さらに
いえば「外国人の参入もOKです。意欲的でいい人に入ってもらえる
システムに変えましょう。透明性の高いシステムに変えましょう。こ

の機会に」と言えばいい。その際に、一般的なルールとしては大きな資本と小さな資本との間で自由競争してしまったら身も蓋もないからそこは一定のハンディをかけますと付記すればいい。にもかかわらず、それをやらない、やれないと言うのであれば、もはやいかんともできません。

金子 対等条件での「自由競争」ですよね。まさに民主主義の根幹でしょう。北欧をはじめ、欧州には民主主義的な組織が基本的に残っています。労働組合、学生自治会とか。日本はほとんど労働組合もなくなり学生自治会もほぼなくなる状態で、民主主義を行使する民主的な組織が全部解体されてしまった感があります。リストラが当たり前になった時に労働組合が動かなくなった。1999年以降、労働者派遣法の改正以降、非正規雇用が大量に生まれてきますが、いわゆる連合系の組合は一切彼らを守らなかった。結果的に気が付いたら職場で正社員が少数派になるようなことが当たり前になってくると、労働組合の力、職場で争議をしてストライキをする力がうせてしまい、末端の民主主義的な組織やルールがどんどん皆無になっていきます。わずかに残っていたメディアの良心に依拠しながらの抵抗こそしたものの、安倍・菅政権で日本学術会議までつぶしにかかられ、気が付けば自分たちが投票して自分たちで自己決定する、そういう組織が皆無になってしまっています。

これは恐ろしい。民主主義がまったくない国になってきた。そんな民主主義の再建が切に求められる時に農村の崩壊が進もうとしている。農村は保守の岩盤なわけじゃないですか。それが崩壊寸前になった時にどう再建するのかといったら、もう1回岩盤保守の農村から民主主義を再建していくしかない。そんな遠回りであっても、そこからしか

2024 年の夏にはコメの「品不足」が報じられた

本当の意味での日本の民主化というのはできないんじゃないかと私は思っています。その力になるはずの「食料・農業・農村基本法」の見直しがまったく形式的にとどまった。まさにカタストロフの状況に日本は置かれているといわざるをえません。だからこそ絶望のなかに希望を見いだすための道筋を真剣に考える必要があるのです。それに一人でも多くの人に気付いてもらいたいと切に願っています。

おわりに

農政アナリスト・元新潟食料農業大学教授　武本俊彦

　このブックレットを最後までお読みいただき、ありがとうございました。

　2023年3月ごろに始まった政府の「食料・農業・農村基本法」見直し作業。その結果が投影された改正法が24年5月に衆参両院で可決されました。その内容は食料、農業、農村をめぐる関係において、生産－流通－加工－消費のつながりが強くなってきている実態を十分にとらえることもなく、これまで5年ごとに行われてきた「食料・農業・農村基本計画」の見直し作業同様、農業は農業、加工業は加工業、流通業は流通業を個別に分析するアプローチをとっています。それは現実的な実態の変化を十分に認識することなき分析であり、その結果「おざなりの見直し論」といわざるをえないものだと気付きました。

　私と金子勝さんは、2010年刊『日本再生の国家戦略を急げ！』（小学館）、2014年刊『儲かる農業論　エネルギー兼業農家のすすめ』（集英社）の共著を通じ、また食料・農業・農村に関する諸問題について、折に触れては意見交換などを重ねてきました。日本が人口増加・物価上昇・経済成長の時代から人口減少・物価下落・経済の縮小過程に陥った21世紀以降、食料に関する消費者の行動は大きく変化を遂げています。それは夫婦共稼ぎ世帯や、高齢者に限らない単独世帯が増加する一方で、加工・流通業による消費者ニーズに対応したイノベーション（技術革新）が進展し、とりわけ食生活が大きく変化したことによるものです。

　消費者家庭では、素材である生鮮品を購入して専業主婦の調理行動

によって家族に食事を提供するという従来の生活様式に替わり、総菜品、加工食品、外食といった形態（家事労働の外部化）が主流となってきました。そうした変化への対応は将来的には必然となるであろうとの仮説に基づき、上流部の農業から加工・流通を通じて下流部の消費までを一体としてとらえること（食料システム論）が必要であるとの考えを持つに至りました。特に、デフレ経済下で物価下落局面にある段階においては、食料システムの構成主体（例えば、農業者と大規模量販店）の関係は、その利害が必ずしも一致するわけではありません。そのままの状態を放置すれば、消費者ニーズに関する情報を独占する主体の登場によって、食料システムが機能不全に陥り、結局は国民一人一人の食料安全保障の確立が担保されなくなることを意味しています。

　このブックレットでは、食料システムにおける各構成主体の行動が適切に行われるよう、必要な制度・政策の考え方を示すとともに、そうした制度・政策に裏打ちされた食料システムが真に機能するようにするために必要なコーディネーターとして「協同組合」を位置づけています。

　こうした考え方について、読者の皆様の忌憚（きたん）のないご意見をお待ちしています。

惜別　生活クラブ連合会顧問　加藤好一さん
──常に「産地」とともに生きんとした人へ──

生活クラブ連合会ホームページに掲載中の連載企画「生活クラブオリジナルレポート」の取材で、九州・中国地方を中心に有機農業を推進する農家を訪ねて回る機会が増えました。その際、異口同音にだれもが憂えるのが稲作の未来です。「もはや水田は不要」といわんばかりに畑地化を奨励し、そうかと思えば有事の際は「黙ってコメとイモを供出せよ」と居丈高に振る舞う日本農政の現状に翻弄（ほ

故・加藤好一さん

んろう）され、とりわけ中小規模の家族経営農家が困惑しているといいます。

　農地の集約が進み、耕作がしやすく生産性の高さも期待できる「優良農地」はスマート（IT・DX）化への対応が容易ですが、田んぼに畑が点在する中山間から山間地の農家は人の労働に依拠した耕作を続けざるを得ないのが実情です。こうした生産環境下では情報通信技術（IT）を活用し、ドローンや人工知能（AI）による農地管理をするにしても「有効に使える場所と機材は限られ、実用的というにはほど遠い」という声も数多く耳にします。ましてや家畜の排せつ物を堆肥化して田畑に投入し、化学合成農薬を使用しない有機・無農薬農法を継続するには一般的な農法よりも多くの手間暇が必要とされるのですから、その生産現場は恒常的な労働力不足に悩まされることになります。

　この現実に常に気を配り、有機農業の普及には「地域総体の合意と実践が欠かせない。その具体化には意志ある農業者による周辺農家への日常的な働きかけとたゆまぬ話し合いが必要。その結果、同意の水準が高まって有機農業者が点から線、そして面へと広がるのを目指すのが生活クラブの産地提携」と説いてやまなかったのが、このブック

レットに掲載した対談の総合司会を務めた生活クラブ生協連合会顧問の加藤好一さんです。その切なる願いが届いたかのように山形県の遊佐町では地域をあげて有機・減農薬農法による稲作が定着し、その成果は栃木県黒磯市、長野県上伊那市、千葉県旭市にも波及しています。それが有機・無農薬・減農薬の価値をローラーで塗りつぶすようにして推し進める「上意下達方式」の結果ではないことを加藤さんは何より喜び、「いずれも共同体の同意をもって進められた実践であり、さまざまな事情から慣行農法を選択せざるを得ない人たちを否定せず、彼らに一方的な退場をせまるものではなかったことが何より大きな収穫だと思う」と人懐っこい笑みを浮かべて説き続けました。

　厳しさを増す農村の人口減少問題にも加藤さんは心を砕いていました。生活クラブ生協が掲げる「生産する消費者たらん」という目標の実現に腐心。提携産地との間で「産地協議会」を立ち上げ、「食」の共同購入のみならず、組合員の労働参加を進めながら企業組合ワーカーズコレクティブの事業領域を広げ、農産物の生産・加工・流通に意志ある生協組合員が参入する道筋を加藤顧問は模索する人でもありました。このように農村共同体と都市部の消費者による協同の重要性を追求し続ける人が「食料・農業・農村基本法」の見直しに深い問題意識を持っていたのはいうまでもありません。その加藤さんが2024年7月13日に急逝されました。享年67歳。だれよりも当ブックレットの刊行を心待ちにされていたことを思うと実に無念、残念ではありますが、ようやく発刊の運びとなりました。この一冊を常に「産地」とともに生きんとしたあなたに贈ります。さようなら加藤さん。あなたの問題意識と志は時を越えて生き続けるはずです。ご指導ありがとうございました。お疲れさま。ゆっくりとお休みください。

生活クラブ連合会　山田衛

加藤好一（かとう・こういち）
　1957年群馬県生まれ。80年、生活クラブ神奈川入職。91年にコミュニティクラブ生協（デポー事業単協）専務理事に就任し、96年から生活クラブ連合会計画部長（開発担当）として遺伝子組み換え対策事業を進める。同連合会常務理事を経て2000年に専務理事、06年から21年まで会長理事を務め、22年に顧問に就任。2024年7月13日永眠。

略歴

金子 勝（かねこ・まさる）
1952年、東京生まれ。東京大学経済学部卒業。法政大学経済学部教授、慶應義塾大学経済学部教授などを経て、現在、淑徳大学大学院客員教授、慶應義塾大学名誉教授。著書多数。近著に『現代カタストロフ論　経済と生命の周期を解き明かす』(岩波新書)、『岸田自民で日本が瓦解する日』(徳間書店)、『高校生からわかる日本経済　なぜ日本はどんどん貧しくなるの？』(かもがわ出版)、『裏金国家──日本を覆う「2015年体制」の呪縛』(朝日新書) がある。

武本 俊彦（たけもと・としひこ）
1952年、東京生まれ。東京大学法学部卒業。76年農林水産省入職。ウルグアイラウンド農業交渉、食管法廃止・食糧法制定作業、BSE問題などを担当。衆院調査局農林水産調査室首席調査員、内閣官房審議官を経て農林水産政策研究所長。2013年に農水省退職後、農政アナリストとして活動し、2018年から24年まで新潟食料農業大学教授。著書に『日本再生の国家戦略を急げ』(金子勝と共著) 小学館、『食料システム論〜「食料・農業・農村基本法見直し」の視点〜』(東方通信社) などがある。

筑波書房ブックレット　暮らしのなかの食と農　72
「食料・農業・農村基本法」見直しは「穴」だらけ!?
気鋭の経済学者と元農水官僚が徹底検証

2024年9月24日　第1版第1刷発行

著作者　　金子 勝・武本 俊彦
編集協力　山田 衛
写　真　　魚本勝之
発行者　　鶴見治彦
発行所　　株式会社 筑波書房
　　　　　東京都新宿区神楽坂2－16－5　〒162－0825
　　　　　電話03（3267）8599　郵便振替00150－3－39715
　　　　　http://www.tsukuba-shobo.co.jp
定価は表紙に示してあります

印刷／製本　平河工業社
© 2024 Printed in Japan　ISBN978-4-8119-0679-9 C0061